我的动物朋友

常丁丁◎编著

极地精灵的呢喃

★ ★ ★ ★ ★

体验自然，探索世界，关爱生命——我们要与那些野生的动物交流，用我们的语言、行动、爱心去关怀理解并尊重它们。

延边大学出版社

图书在版编目（CIP）数据

极地精灵的呢喃/常丁丁编著.—延吉：延边大学出版社,2013.4（2021.8重印）

（我的动物朋友）

ISBN 978-7-5634-5560-7

Ⅰ.①极… Ⅱ.①常… Ⅲ.①极地－动物－青年读物②极地－动物－少年读物 Ⅳ.① Q958.36-49

中国版本图书馆 CIP 数据核字 (2013) 第 087251 号

极地精灵的呢喃

编著：常丁丁

责任编辑：李宗勋

封面设计：映像视觉

出版发行：延边大学出版社

社址：吉林省延吉市公园路 977 号 邮编：133002

电话：0433-2732435 传真：0433-2732434

网址：http://www.ydcbs.com

印刷：三河市祥达印刷包装有限公司

开本：16K 165×230

印张：12 印张

字数：120 千字

版次：2013 年 4 月第 1 版

印次：2021 年 8 月第 3 次印刷

书号：ISBN 978-7-5634-5560-7

定价：36.00 元

前 言

　　人类生活的蓝色家园是生机盎然、充满活力的。在地球上，除了最高级的灵长类——人类以外，还有许许多多的动物伙伴。它们当中有的庞大、有的弱小，有的凶猛、有的友善，有的奔跑如飞、有的缓慢蠕动，有的展翅翱翔、有的自由游弋……它们的足迹遍布地球上所有的大陆和海洋。和人类一样，它们面对着适者生存的残酷，也享受着七彩生活的美好，它们都在以自己独特的方式演绎着生命的传奇。

　　在动物界，人们经常用"朝生暮死"的蜉蝣来比喻生命的短暂与易逝。因此，野生动物从不"迷惘"，也不会"抱怨"，只会按照自然的安排去走完自己的生命历程，它们的终极目标只有一个——使自己的基因更好地传承下去。在这一目标的推动下，动物们充分利用了自己的"天赋异禀"，并逐步进化成了异彩纷呈的生命特质。由此，我们才能看到那令人叹为观止的各种"武器"、本领、习性、繁殖策略等。

　　例如，为了保住性命，很多种蜥蜴不惜"丢车保帅"，进化出了断尾逃生的绝技；杜鹃既不孵卵也不育雏，而采用"偷梁换柱"之计，将卵产在画眉、莺等的巢中，让这些无辜的鸟儿白费心血养育异类；有一种鱼叫七鳃鳗，长大后便用尖利的牙齿和强有力的吸盘吸附在其他大鱼身上，靠摄取寄主的血液完成从变形到产卵的全过程；非洲和中南美洲的行军蚁能结成多达1000万只的庞大群体，靠集体的力量横扫一切……由此说来，所谓的狼的"阴险"、毒蛇的恐怖、鲨鱼的"凶残"，乃至老鼠令人头疼的高繁殖率、蚊子令人讨厌的吸血性等，都只是自然赋予它们的一种独特适应性而已，都是它们的生存之道。人是智慧而强有力的动物，但也只是自然界的一份子，我们应该用平等的眼光去看待自然界中的一切生灵，而不应时刻把自己当成所谓的万物的主宰。

人和动物天生就是好朋友，人类对其他生命形式的亲近感是一种与生俱来的天性，只不过许多人的这种亲近感被现实生活逐渐磨蚀或掩盖掉了。但也有越来越多的人，在现实生活的压力和纷扰下，渐渐觉得从动物身上更能寻求到心灵的慰藉乃至生命的意义。狗的忠诚、猫的温顺会令他们快乐并身心放松；而野生动物身上所散发出的野性特质及不可思议的本能，则令他们着迷甚至肃然起敬。

衷心希望本书的出版能让越来越多的人更了解动物，更尊重生命，继而去充分体味人与自然和谐相处的奇妙感受。并唤起读者保护动物的意识，积极地与危害野生动物的行为作斗争，保护人类和野生动物赖以生存的地球，为野生动物保留一个自由自在的家园。

编　者

2012.9

极地精灵的呢喃

目 录

第三章 极地的哺乳动物

第四章　极地的鱼类

第一章

极地概述

　　极地是地球的南北两端，终年白雪覆盖大地，气温非常低，是地球上最寒冷的地方。当海洋结冰的时候，也意味着极地最冷季节的到来。即使是生活在这里习惯了寒冷的动物，也大多数难以抵挡冬日的严寒，有谁能度过这世界上最冷的寒冬？北极的北极熊，南极的企鹅，它们又是怎样度过在极地的冬天的呢？没有人知道，它们为何要选择寒冷，只知道这需要爱、抗争、无比的勇气。

两极在哪里

地球有南极和北极，但对我们绝大多数人来说，南极和北极天寒地冻、人迹罕见，是那么遥远和神秘，那么，它们究竟在哪里呢？

地球最南边的一个点，叫做南极点，它位于南极大陆上，人们在那里建立了永久性的标志物。但我们通常说的南极并不是指这一个点，而是指南极圈以内的地区，即南纬66°33′线圈以内。包括南极洲及它周围的海岛和海洋，总面积达2100万平方千米，其中大陆面积约1420万平方千米，海域面积为680万平方千米。

南极圈是南温带和南寒带的分界线。南极圈以南的区域，阳光斜射，虽然有一段时间太阳总在地平线上照射（极昼），但正午太阳高度角也很小，因

而获得太阳热量很少，称为南寒带。事实上，南极圈是南半球上发生极昼、极夜现象最北的界线。

南极区，尤其是南极洲，终年被冰雪所覆盖，冰层的平均厚度达1950米。冰块在自身重量的作用下，从南极区端点的最高处向下缓缓地滑动，可穿过高山峻岭，越过平原，在滑行中逐渐减小自己的厚度，而到达周缘海岸的冰只有1600米厚，却仍然属于巨大的冰块类型。巨大的冰块漂浮在海面上，形成海洋冰山，又称浮冰。因此，在南极大陆四周的海域内，不仅于4月到12月的季节里存在着50米厚、160 ～ 1600米宽的冰丛带，就是在夏季，虽因气温升高而导致冰块大量地融化，也仍漂浮着许多残存的冰块，即使现代化的船舶也难以在这一带海域里航行。在其他的季节里，南极海域整体冰封，探险的船只被冰冻在这里，狗拉的雪橇和履带式拖拉机成为这里的主要运行工具。近年来，航空运输已大量介入。

动物·小知识

　　　海冰与冰山是在不同环境形成的两种极地冰。海冰是直接在海里结冻的咸水冰，而冰山则是邻近海边的冰河里的大冰块掉入海中形成的淡水冰。

北极是地球最北端的一个点，叫做北极点，它在北冰洋的中心海域里，一年四季都被冰雪覆盖着，巨大的冰山经常会突然裂开、然后顺着海流漂移。所以，即使有人到达了北极点，想确定它，也很不容易，直到现在，北极点也没有实际的标志物。不过，我们现在通常所说的北极，指的是北极圈以内的整个地区即北纬66°33′这条线以北的地方，由北冰洋以及周边陆地组成。其陆地部分包括格陵兰、北欧三国、俄罗斯北部、美国阿拉斯加北部以及加拿大北部。岛屿很多，最大的是格陵兰岛。

我们把南极区和北极区统称为极区。极区几乎长年被冰雪覆盖，从它们的表观景致，又被称为"极区冰原"。

南极大陆

　　南极大陆几乎包括整个的南极洲。它地处地球的最南端，四周濒临太平洋、印度洋和大西洋，面积为1420万平方千米，占世界上陆地总面积的9%左右，属地球上的第五块大陆。上面除千余名南极科学考察者和一些捕鲸人的临时活动外，还没有发现有长期居民户，可以说是无人居住的大陆。

　　南极洲是世界上最高的洲，平均高度为2100～2400米。整个大陆几乎被冰雪终年覆盖着，冰层的厚度有1950米左右。除掉冰层，实际大陆的平均高度只有300多米。可见，南极大陆最高的原因是由冰层造成。它的最高处恰巧位于地球上最寒冷的南极端点，即南极洲罗斯陆缘冰以南约480千米处，海拔

高度达2992米，冰厚2699米，地壳的表层高度却仅有293米。由于季节性气温的变化，造成南极冰褥中冰的厚度变化，导致了南极大陆高层的时间性变动，这种不同于一般陆地的情形和特性，在大规模的无冰区陆地上不见踪影。

 动物·小知识

　　由于海拔高，空气稀薄，再加上冰雪表面对太阳能量的反射等，使得南极大陆成为世界上最为寒冷的地区，其平均气温比北极要低20℃。南极大陆的年平均气温为−25℃。

　　科学推测，在700多万年以前，由于第三纪的隆起作用，不仅使一条约3000千米的水下山岭，即苏格提亚隆起带与南美洲的尾端连接起来，而且，还使南奥克尼岛、南桑德伟奇岛及南乔治亚岛，以岛屿的形式从海底露出海面。

　　许多国家在南极的考察工作中，从南极大陆上发现了不同年代的植物化石和其他建造，从中推测出它们的地质发展历史。现已根据生活于第四纪上新世及其以前的亚热带气候条件下的大叶蕨类植物化石印痕，推断出南极大陆冰川的形成时间晚于上新世，最早也得在上新世末期，即300万年以后，因天气变冷而形成。从安第斯省1.5亿年前的侏罗纪地层中采集到大量的植物化石；在2.5亿年前的二叠纪地层发现的树干化石和煤线；于南极半岛北端的费芬罗山上找到的厚约10～100米的富含植物化石层中，在与相邻大陆的相关对比后，分析出：在2.7亿年前，南极大陆与临近的大洋洲、南亚洲等大陆连为一体，组合成当时的一个巨大的南半球大陆，即"冈瓦纳大陆"。冈瓦纳大陆到2.7亿年后的古生代末期，开始分裂、漂移，最终解体，逐渐形成现在的大陆布局，使南极大陆分离出来，定居在地球的南端，经受严寒的折磨。

南极的生存条件

　　南极洲的自然环境十分恶劣，气候酷寒，日照微弱，风暴肆虐。南极大陆有95%以上的地区被终年不化的冰雪所覆盖。在茫茫冰原上，自然景观比沙漠地区还要荒凉得多，除了冰雪什么也找不到。只有在占总面积不到5%的岩石裸露区，才有可能发现生命的踪迹。这些无冰盖区，多位于大陆的边缘，如南极半岛，罗斯海西侧维多利亚地的南极横断山脉，以及东南极洲沿海的山地和丘陵地区等，它们被南极考察队员称为"绿洲"。但是，这种"绿洲"与沙漠绿洲是无法相提并论的，因为这种"绿洲"内，完全不见树木，甚至连开花植物也很少见到。到目前为止，南极地区已辨认出的植物包括地衣400

种、苔藓75种、藻类360多种。另有4种开花植物，分布在纬度较低的地区。

无论任何植物，如果要想正常生长，都必须要有一定的阳光、空气、水分和某些矿物质作为保证，缺少其中任何一种，植物便不能生存。严寒是影响植物生存的最大因素，因为当气温降低到0℃以下时，光合作用和植物生长的复杂生物化学过程便停止了。所以像地衣、苔藓和藻类这些南极地区最原始的植物，也要求每年至少有几天气温在0℃以上，而高等植物则需要有一个月以上的无霜期。

南极的地衣、苔藓和藻类这些低等植物，构造都很简单。连根、茎、叶等营养器官都分不开，更没有花、果、粒等繁殖器官。它们或趴在地上顽强地生长，或泡在水里尽可能繁殖，利用一年中太阳不落且气温在0℃以上的短短的暖季，匆匆地完成整个生命过程，并靠孢子传宗接代。

藻类生活在南极大陆"绿洲"中的一些池沼和湖泊之中，此外，在大陆四周的浅海和大洋里，它的生长和繁殖能力也十分惊人。其中最有名的一种叫硅藻，它的生命力极强，凡有光线、水分、二氧化碳和必要养料的地方，硅藻几乎随处可长。甚至在存放很久之后，在已经有些干枯的硅藻表面洒上一些水，它又可以奇迹般地起死回生。硅藻适合于在低温海水中生活，所以，南冰洋中硅藻含量巨大，十分丰富，一升海水中，硅藻个体可达几十万，甚至几百万个，常常能将成千上万平方千米的海洋表面改变颜色。

动物小·知识

南极洲是个巨大的天然"冷库"，是世界上淡水的重要储藏地，拥有地球70%左右的淡水资源。

硅藻的繁殖能力也非常强，远远超过一般的绿色植物。在寒季，南冰洋处于封冻状态，它能够休眠；在暖季，海冰化开，光照充足，即使在温度很低的情况下，硅藻也能迅速地进行光合作用，开始大量地繁殖自己，有的每隔4～8小时就可繁殖一次，10天之内便像几何级数一样地递增到10亿个。

硅藻含有丰富的维生素和蛋白质，而且具有鲜草一样的芳香气味，是南极磷虾最好的饵料。硅藻为南大洋中的海洋动物提供了大量的、基本的食物，是南大洋生物链中至关重要的一环。

在美国南极麦克默多考察基地附近常年被冰雪附盖的两个湖——弗里克塞尔湖、霍尔湖内发现了一种大片丛生的藻类——蓝藻的"近亲"品种。据研究，这种藻类对环境具有很强的适应能力，它能在长达8个月极夜的漫长昏暗环境中生活。可以只利用短期的微弱阳光进行光合作用，而且只需要有水面上1‰左右的阳光透进湖底，就足够它进行光合作用了。

南极大陆因为气候严酷，不能生长高等植物，低等植物也很少；不能为动物提供食物，所以南极大陆也没有土生土长的高等动物，低等动物也很少。在南极圈以南的广大南极地区，各类动物加起来不到70种，其中属于昆虫类的就有40多种。这些昆虫主要生活在南极大陆上，如南极半岛上就有无翅蝇和弹尾虫等，但令人奇怪的是，它们都不会飞翔。除了昆虫以外，在南极的沿海地区、"绿洲"之中和近岸岛屿上，还发现了棘皮动物、节肢动物和腔肠动物等。

与南极大陆不同的是，南冰洋四周的海洋生物极其丰富而稠密，主要原

因是因为这些生物不是依靠陆地上稀罕的动植物为生，而是适应那里的海洋环境，以捕食南冰洋的磷虾之类的甲壳纲动物为生。尤其在南极辐合线两侧的辐合带水域，动植物更是繁茂。

南极辐合带线南有一个较浅的冷水层，线北则有一个较深的暖水层，线两侧不仅浮游生物大不相同，就是上空的大气变化也有明显差别。一线之隔两个洋面的水温竟相差两三度。就在这寒暖洋流的交汇之处，南冰洋本来平静寒冷的海水受到突然南下的三大洋暖流的侵扰，结果形成了一股强大的上升流。这股上升流往往夹带着由磷酸盐和硝酸盐等无机物组成的丰富的营养物质。南冰洋的面积仅占世界大洋面积的5%，但它所进行的光合作用却占世界海洋的20%，因此，它的营养补给也相应比较多。上升流夹带的丰富营养物质滋养了在充分的光合作用下孳生、繁殖的大量浮游生物，为南极虾（又名磷虾）等海生小动物的生存和繁殖提供了充足的饵料，使这一带海域成为世界上数以千百万计的海鸟、企鹅、海豹和鲸类等海洋禽兽最巨大的饲养场之一。

在南极区域生活的动物的特点是：种类稀少，但数量繁多；对自然环境的适应性强；食物链比较脆弱，很容易失去生态平衡。仔细观察和研究南极地区的奇特动物，确会令人感到妙趣横生：没有翅膀的会蹦的弹尾虫；有了翅膀却不会飞的鸟；水生动物在陆上爬行；哺乳动物在水里游泳，有的肥头大鼻，蠢得可笑；有的道貌岸然，滑稽得很。它们的婚姻恋爱、家庭生活和生理特点都有十分耐人寻味之处。

南极区域的食物链比较脆弱。从南极辐合带深海处上泛的富含磷酸盐和硝酸盐以及其他无机物的营养物质滋养了大批浮游生物。这些浮游生物又滋养了比它们要大的南极虾等甲壳纲动物和鱼类。较小的鱼类和甲壳纲动物又成为较大鱼类和枪乌贼的食物。它们一起又被海鸟、企鹅、海豹和鲸类所吞食；南极的贼鸥又捕吃企鹅的幼禽和蛋；而鲸类中的逆戟鲸又攻击、噬食同类中甚至比它躯体庞大的须鲸等或捕食企鹅、海豹和其他鱼类。这些现象基本上遵循自然界普遍存在的"弱肉强食"的规律。

南极冰山

　　如果说冰盖的延伸物是冰架，那么，冰山就是冰架的衍生物了。在南极周围的海洋——南大洋中，漂浮着数以万计的冰山，其体积之大、数量之多远远超乎人们的想象。据统计，南大洋的冰山约有218300座，平均每个冰山重达10万吨。由于体积大，海面温度低，南大洋的冰山一般可以维持10年左右都不会消融。

　　南极的冰块能以2500米/年的速度移向海洋，在它的边缘，断裂的冰架渐渐漂移到海洋中，形成巨大的冰山。这些冰山大小不等，通常是平台状冰山，它起源于陆源冰和冰舌。此外，还有圆顶型、倾斜型和破碎型的冰山。

这些巨大的"浮游物",在海上看起来似乎是静止的,实际上它随着海流的方向移动,在海面上漂移度日。

当然,冰山不仅能在海上漂移,还会一系列高难度动作,如分裂、坍塌、翻转等,花样颇多。中国南极中山站周围的冰山群附近,经常会上演各种节目。1998年2月,一个体积巨大的冰山翻转,距离它几千米远的"雪龙"号船左右摇摆了十几度。冰山造成的危险无须多说,仅就发生在北极的悲剧——"泰坦尼克"号沉没,便足以警示我们:珍爱生命,远离冰山。

地球上有很多极度缺水的地方,如西亚、非洲的部分国家。这些缺水的国家不得不打起冰山的主意。

动物·小·知识

由于冰山露出水面的部分过小不易发现,所以会对航行造成相当大的威胁。目前,一般使用雷达和声纳的方法跟踪冰山,并且要每日向过往船只提供两次报告。

2009年11月12日,澳大利亚科学家在麦夸里岛附近发现了一座巨大的冰山,长约500米、高约50米。这座冰山向新西兰漂去,途中随时可能分裂成小块,威胁航运安全,紧跟其后,一连串冰山又出现在新西兰南部海域。尽管一些海洋学家认为,这些冰山可能和2006年发现的冰山一样,均为2000~2002年罗斯冰架分裂出的六座巨大冰山的一部分,但人们不禁要问:这些冰山到底为何前来,又将前往何处?

这些冰山的未来或许是碎裂分解,融化消失。但这些"离家出走"的冰山又引发了一系列问题,如果冰山都走散了,企鹅怎么办?

北极区的实地边界划分

北极区主要是由中央部分的北冰洋所构成。它占北极区总面积的62%，其周缘分布着欧亚和北美洲大陆的延伸部分。这种势头，虽然造成了北极区的气温偏高，但却为边界的实地划分带来了困难，出现了过渡带，数量上的北纬66°30′只是书本上的理论界线。

 动物小知识

> 北极地区是不折不扣的冰雪世界，但由于洋流的运动，北冰洋表面的海冰总在不停地漂移、裂解与融化，因而不可能像南极大陆那样经历数百万年积累起数千米厚的冰雪。

北极区南部边界实地的划分，众说纷纭。地质和生物学家认为，地球表面上终年冰冻的永久性冻土消失带，便是北极区的边界；物理学家则利用地磁现象来确定，他们的依据是，北极区内具有异常的磁暴现象和无线电波中断的特征。故此，他们将磁性减弱、无线电波微通的地带划分为北极区的南部边缘地带；气象学家是根据气温的变化数值来划分，他们把年平均温度在−10℃为界线，这个界线清楚而明白；也有的以一年中最热月份气温来划分，即陆上为10℃等温线、海洋为5℃等温线为界限；还有的用植物带等自然地理界线做为北极区南边界的划分标志。然而，用植物带来划分北极区的边界是不可靠的，因为它受不同类型的植物干扰。

　　那么，北极区的南边界到底应定在哪里？通常，人们是把北极区的边界与北冰洋的界限等同起来，即被不毛之地和冰封的岛屿所包围起来的北冰洋界线就是北极区的边界。

北冰洋

　　"北冰洋"一词来源于古希腊语，意思是正对着大熊星座的海洋。荷兰地理学家瓦烈尼乌斯称它为"极北的海洋""寒冷的海洋"。1845年，在伦敦召开的世界地理学会议上，被正式命名为"北冰洋"，沿用至今。

　　北冰洋被欧亚和美洲大陆所环抱，分成北极海域和北欧海域两大部分。是地球上四大洋中最小的一个，平均深度1300米左右，面积为1300多万平方千米，海水总体积约1698万立方千米。洋底发育着举世闻名的宽阔大陆架，总面积在500多万平方千米以上，居四大洋的首位。特别在欧亚北部北冰洋大陆架，宽度可达500～1000千米。大陆架上发育的岛屿，数目众多，其数量和面积均仅次于太平洋，居第二位。据测定，北冰洋底的大陆架都是周围陆

地的延伸，在第四纪冰川后期，由于冰层融化造成海面上升，从而发生海侵形成。

北冰洋底海盆发育，其面积占北冰洋总面积的60%左右。其中，较深的中极海盆，位于北冰洋的中央部位，最大深度为5180米，一般在3000～4000米。北极点就在此海盆中的海深4087米处（北纬77°19′、西经101°49′）。另外，还有较浅的挪威海盆，最深达4030米的马卡罗夫海盆，以及费拉马（又称阿蒙森或欧亚）海盆等。北冰洋中的第一深海沟——科奇克海沟（5449米）就分布在其中，还有深度为5335米的费拉马海沟。

动物小·知识

2000万年前，北冰洋只是一个巨大的淡水湖，它和大西洋之间有一条狭窄的通道，湖水通过这条通道流入大西洋。后来，也就是在1820万年前，由于地球板块的运动，北冰洋和大西洋之间的那条狭窄的通道渐渐变成较宽的海峡，大西洋的海水开始流进北极圈，今天的北冰洋就慢慢形成了。

北冰洋洋底的主山脉是1948年由苏联北极考察队发现的，用俄国著名科学家的姓氏命名的"罗蒙诺索夫海岭"。它从加拿大的北极群岛中埃尔斯米尔岛东北部起，在北冰洋中间沿东经140°线附近穿过北极点，向南延伸到俄罗斯西伯利亚北部的新西伯利亚群岛。长达1800千米，高出海底的平均高度约3000米，宽度在60～200千米不等。上面覆盖有淤泥或泥砂沉积物，发育着火山，有的地方的火山甚至正处在活动时期。据考察，罗蒙诺索夫海岭上的火山活动经历了整个中生代和新生代，大约有2亿3千万年，直到现在火山喷发活动仍在海底发生，反映出此海岭的区域地质构造的不稳定性。这个海岭上分布有沉积岩和变质岩层，断裂和褶皱构造发育，且断裂是沿经度线方向伸展。

在罗蒙诺索夫海岭的东西两侧，矗立着较矮的阿利法海山系和南珊海底山系，它们也横跨北冰洋海盆，向大陆延伸，并且南珊海底山系与北大西洋海岭接壤。从形态和成因上分析，它可能是大西洋海岭在北冰洋中的延续。此外，在北冰洋底还分布有高原、丘陵、海槽、海谷和海沟等各种海底地貌形态，造成起伏不平。

在北极区的周缘发育着一系列大小不同、长短不一的河流，它们从四面八方汇集于北冰洋中。从高空鸟瞰，这些蓝色的河流似蛟龙飞舞，在戏弄着一个绣满白花的大"绣球"——圆形的冰封北冰洋。蛟龙张着纯洁的白口，吐出长长的蓝舌头，刺入"绣球"的大洋中。这些河流输送着大量的淡水，流入北冰洋的边缘海中，影响着这里的浅水层。但是，它们对整个北冰洋的影响却是微不足道的，单就太平洋，它通过白令海峡流进北冰洋的水，是最大的西伯利亚河流总量的10倍多，只是北大西洋流进北冰洋（约38万立方千米）的1/15。尤其是北大西洋，以连续不断地墨西哥暖流流入。在斯茨卑尔根西岸与北冰洋水相遇，虽然水温高出4℃，却因盐度较高而沉入北冰洋表层水的下面，且越向北去下潜加深，到达北极海盆时，下潜到北冰洋面以下约600米深处，被夹在冷而呆滞的深层水和冰冷的浅层水之间，形成北冰洋内的一个高温高盐度跃层，对北冰洋的水文造成极大的影响。

北极的气候特征

北冰洋中大量海水的调节作用以及北极区地势有利于南方暖气流和暖海流的侵入干扰及影响，使得北极区的气候不及南极寒冷。北冰洋的平均气温只有 –20℃，最低气温也只有 –52℃，南部岛屿的气温有时可达 10℃ 以上，这在南极区是极为罕见的。

北极区的风力较小，平均风速为 5 米/秒，最大风速也只有 18 米/秒，并且风速的季节性变化微小。即使在暴风雪的天气里，风也很少将雪吹积到齐人眼高。据统计，这里的暴风雪平均 5 天发生一次。

然而，以北冰洋为主导的北极气候，其降水量较大，形成了特殊的北极雨雪气候。这是由于北冰洋面上的冰盖常被撞碎，导到裸露出来的海水被蒸发到天空中形成雨雪之云，经常降落下来。

动物小知识

北极的秋季非常短暂，在 9 月初就结束了。而北极的降水则集中在近海陆地上，最主要的降水形式是夏季的雨水，其年降水量一般约为 100 ～ 250 毫米，在格陵兰海域可达 500 毫米。

1968 年 2 月至 1969 年 6 月，英国的科学考察队在横穿北极时，曾对北极地区沿途气候状况进行过系统地观测，测得北极的年降水量为 175 毫米。其中的 70 多毫米是以雨的形式在 6 ～ 8 月份降下，另外是以雪和冰雹的形式在其他月份里飘落，形成了夏季降雨量较大、冬季降水量的规律性。尤其到深冬，在两天之中就有一天以上的时间，以小圆柱或子弹状的冰雪粒下个不停。这些冰雪进入海洋中，逐渐集结成薄冰层，成为冰盖的一部分。

北极的生存条件

北极圈以内除了周围众多的岛屿和四周环绕大陆边缘以外，冰雪覆盖的极心地区都是海洋，人们称它为北冰洋。除了在格陵兰岛和斯瓦巴德群山之间有北冰洋与大西洋相连的通道以外，它几乎与世界大洋隔绝，从而大大限制了北冰洋同其他大洋之间的海水交换和航行。所以，北冰洋成了一个被陆地封锁、相对孤立的大洋。与南极比较，北极地区的环境相对好一些，但气候和环境与世界其他地区比起来，仍然是十分严酷的。

北冰洋周围的陆地和北冰洋中的岛屿，除格陵兰岛等岛屿外，长年被冰雪覆盖的地区较少。北极圈内的陆地，夏季时大部分地区可有6个星期的生长季，气温也能保持在0℃以上，而且光照充足，所以北极地区生活的动植物种类要比南极地区多得多。

在北极地区，主要是北极苔原带，大约有2000种地衣，500种苔藓和900

种开花植物。以欧亚大陆最北端的俄罗斯的太梅尔半岛为例，虽然太梅尔半岛都是苔原冻土地带，但地面的植物也由南往北不断地变化：伊加尔卡靠近北极圈，是森林地带和苔原地带的交界线，西伯利亚的茫茫林海在这里变成了和苔原交错的灌木林；从此往北，低矮的灌木丛逐渐消失，进入了纯苔原带，但偶尔还有一些零散的树木出现；当这些小树完全绝迹的时候，便进入了苔原的纵深地带了。到了夏天，除了半岛最北端(北纬78°左右)只覆盖一层很浅薄的苔藓，其他植物很难生长。大部分苔原上都有草莓和花卉，大地上像是铺了一层丰厚的毛毡，间夹着无数的花朵，一群群野鹿在苔原上奔走，候鸟在低空飞翔。

动物·小·知识

　　北极其实是一片被几块大陆环绕的海洋，生活在陆地上的捕食者会在陆地与陆地之间的海面都结冰之后，走到冰面上寻找食物。从二月份开始，北极地区就开始慢慢从冬天的严寒中苏醒过来。

　　为适应短暂的生长季，北极地区的植物都具有惊人的快速的生命周期。它们的发芽、开花、结籽的整个生命过程，有的在一个月之内，有的甚至在两个星期之内就全完成了。北极地区的有花植物可一直分布到最北的、纬度在北纬80°以上的法兰士约瑟夫地群岛和北地群岛上。每到夏季，气温回升，当气温还在0℃左右，雪还没有化完的，就已到处都生长着绿色的嫩芽和还未完全开放的花枝。有时，一夜之间，各种色彩间杂的花朵全部开放，如同神话一般，满山遍野的花朵，常常让初访极地的人惊叹不已。

　　北极地区的植物，由于生长季很短，而且常常遭到风暴的袭击。因此，它们大多长得矮小，或者干脆匍匐在地面，形成一种特殊的生存适应能力。

　　北极地区的动物种类很多，空中有各种各样的鸟类；陆上有许多陆生动物，如北极鹿、北极狐、北极狼、麝牛、野兔、旅鼠、北极松鼠、土拨鼠、灰熊、北极熊等等；海里有鲸、海豹、海象及各种各样的鱼类。众多的动物，使寒冷广漠的北极地区成了一个独特的天然动物园。

极地生物的斗寒本领

在两极地区生活的动物，对环境的适应能力是非常强的。比如在抗御低温严寒方面，各类动物发展出了一整套特殊的生理功能，不仅能够抵御长时期的零下数十度的严寒，而且还能生殖繁衍，创造着生命世界一个又一个奇迹。

企鹅便是能够抗御低温严寒、狂风肆虐、漫长极夜等严酷条件的杰出代表。它能在40米/秒的风速下，在漫长的极夜中，冒着零下几十度的严寒，一动不动地站立两个月，并用自己腹部的体温保护和孵育鹅蛋。在南极，不论气候多么严寒，风暴多么强烈，企鹅不仅能生存和发展，而且具有惊人的活动能力，让科学家们感到非常惊奇。

那么，企鹅为什么能够抵御如此严酷的自然环境呢？这是因为它具有特殊的形体构成和复杂的控温机构。首先，企鹅有一套良好的绝热组织，它身上长着一层茸毛层和一层羽毛层，只要竖起羽毛，聚足空气，两层毛便使身体与外界处于绝热状态，能防止体温散失；第二，企鹅的茸毛层可以在极地冬夜里吸收一种肉眼看不见的大气红外辐射，并将这种射线的热量储存起来，用以抵御严寒；第三，企鹅体内，特别是其便便大腹之内具有很厚的脂肪层，既可用来防止体温散失，又可用来做为孵育幼鹅时的消耗；第四，企鹅具有同躯体内保持双重体温的能力，它可以将躯体的主体保持恒温，而将其他部分如鳍足、翅膀等保持接近外界的气温或仅稍高于外界的气温。

除了企鹅，还有许多极地生物都具备抵抗严寒的本领。在加拿大北极地区最北边的埃尔斯米尔岛的西海岸可以看到，麝牛在－45.5℃的寒冷环境下平静地吃东西。在这样极端寒冷的情况下，麝牛并没有冻死的危险。它和南、

北两极的其他动物一样，具有惊人的活力，不论气候有多寒冷、暴风有多激烈。使动物能在这种寒冷条件下生存的适应能力只有几项，而且都是高度分化的、或者说特殊化的适应。

动物的主要保暖机制不是体积或外形，而是绝热能力。它有两种形式：一是皮肤下的脂肪层，即充满厚厚油脂的组织；二是皮肤上的软毛层或羽毛层。企鹅由于具有这样的绝热组织，因而可以在近于结冰的水中嬉戏几小时之久，而人在这样的水中很快就会冻死。有些动物的绝热能力非常有效。在很久以前，探险家们就已发现，像德国牧羊狗这样的欧洲狗对极地的征途是没有用处的，因为它们的毛皮太薄。而拉雪橇的狗，如阿拉斯加或西伯利亚的爱斯基摩狗有厚得多的毛皮，在严寒的冬夜，覆掩到它身上的雪花起着挡风的作用时，它睡得最为舒适。

正如鸟类竖起羽毛的作用一样，狗、狼或狐也能抖开其软毛来捕捉空气，从而获得暂时地温暖。它还可以借改变姿势——如憩息或睡觉时把鼻子、耳朵、爪子以及尾巴全都收拢卷缩成球状，来减少热量的损耗。麝牛在冬季具有更好的绝热能力，它的内绒于每年秋季长出细而长的毛丝，而在温度下降并起风之时，它已具备两重绝热层，以致它躺下地方的雪都不融化。但是，狐狸及海豹于冬季所具有的较淡色皮毛是作伪装用的，并不是为更好地保暖

用。在极地的冬夜里，动物的软毛所吸收到并反射出去的射线是肉眼看不见的红外线，这种射线的热量可渗透入两层软毛。

动物·小·知识

只要外界的环境温度在可以忍受的范围内，温血动物体内的温度就可以维持在37℃左右。因此，温血动物又称恒温动物，是一种高等动物，鸟类和哺乳动物都属于此列。这种保持体温的能力对这些动物的生存和发展来说是极其重要的，尤其是在两极地区。

具有软毛的动物既需要有效的储热方式，又需要有效的散热方式。在某一时刻安安静静进食的北美驯鹿，在下一时刻可能必须疾驰以逃脱狼的追击。驯鹿及狼在追击中身上发出的热量大约等于平时的20倍。这时候驯鹿及狼腹部薄薄的软毛以及耳朵、腿和尾毛薄薄的皮肤还有喘气的舌头就显出功能了，因为它们可以迅速散热。

比耐寒性更值得注意的是，极地的许多动物也可以忍受得了酷热。在天气比较热的期间，食物中的碳水化合物便会转换为脂肪，供冬季保暖及营养之用。设在巴罗岬的海军北极地区研究实验室的工作人员发现，北极山坡盛产的金花鼠（因纽特人叫做"色色"）以及小北极熊、鼬鼠、狐狸、狗都能忍受酷热，比北美鼠及鼹这些沙漠动物所能忍受的温度还高10℃。显然，用以调节新陈代谢和血液循环以应付寒冷的那一套精密控制机制，也可有效地应付酷热。

动物利用软毛、脂肪和羽毛进行绝热，没有什么令人特别感到惊奇的。动物具有保持双重体温的奇妙能力，才更让人叫绝，它们这种本领的特点是：身体一般部分所保持的接近热带气温的体温，而四肢尖端部分则保持低得多的温度。例如，海鸥的双脚可保持0℃的温度——比它身体其他部分的温度低32℃左右。北极地区的某些禽鸟借加快腿部的血液循环来避免冻伤，但双腿仍保持比躯体低得很多的温度。这些耐寒禽鸟的神经系统于低温时仍能起作用，而温带禽鸟的神经系统在该温度下就会冻得失去作用了。

　　驯鹿、爱斯基摩狗以及北极地区某些哺乳动物的腿部温度，已知比其自身的体温约低10℃。海豹和亚北极海豚薄薄的尾叶及鳍状肢的温度与其体温不同，保持与海水相近的温度。据科学家们研究，这些动物体内具有一种简单而有效的热交换器构造。即把热血送到双肢的动脉与把冷血送回心脏的静脉紧挨在一起，这样，心脏输出的热血，逐渐被静脉血管所冷却，到四肢时，已与外界温度差不多，所以，四肢就不会被冻坏；同样地，通过静脉送回心脏的冷血，也会逐渐被动脉血管加热，因而不会危及心脏。

　　体温的这种不寻常的双重标准，似乎是迈向冷血动物的一步，或者迈向冬眠动物的一步——冬眠时它的温度、呼吸以及新陈代谢作用全都减弱。在极地冬眠是很不容易的，啮齿动物无法在冰冻线下挖洞。旅鼠、鼩鼱、田鼠以及鼬鼠都是在雪堆中挖洞穴避冬的。地表之上积雪之下的温度很少会低于-6.7℃的，而洞穴里的温度通常更为暖和，因此，居住于洞穴中的动物无需作冬眠。这时动物不受在开阔积雪上徘徊的食肉动物的威胁，它们就靠埋在身旁雪堆里的植物作粮食，生活得很有保障，直到温暖的气候融化它们的雪墙以致洞穴倒塌为止。与此同时，在裸露土地上的熊及较小的极地动物如金花鼠及土拨鼠等，则蜷缩在洞穴里冬眠。它们的体温可以降到冰点左右。在天气转暖之前，它们只偶然醒过来，吃一些洞内储存的食物，而主要从体内积存的脂肪中去获取所需的营养。雪堆有绝缘作用，使它们免于酷寒，而冬眠使它们无需在隆冬出去觅食。

　　像北美驯鹿以及麝牛那样一些动物（还有尾随其后的狼以及狼獾），能适应严寒的气候，并在整个冬季里跑来跑去寻找食物。极地的其他动物，从鲸类到野鸭，则借迁居来保护自己免受冬季寒冷的折磨。鸟类是众所周知的迁徙动物，当冬季来到北极地区时，一群群水鸟便离开这里，甚至雪鹀这个苔原上惟一的鸣鸟也要往南飞。世界上最优秀的旅行家是北极燕鸥，这是惟一在南、北极地都有家的动物。它在每年秋季离开北极地区南飞12900至16100千米——约环绕地球的一半路程——到达南极地区，寻找它所喜爱的冰冷而且开阔的水面。当南极地区改变季节时，它又飞回北极地区去。这种燕鸥一年有七个月时间用于飞行中，它只是在筑巢季节返回原居地。

北极陆地

在北冰洋周围，环绕着一些十分寒冷的大陆和岛屿，它们分别从属于亚洲、欧洲、北美洲的一些国家。这些陆地从最寒冷的北方，一路向南，依次可划分为海岸带及岛屿、北极苔原和泰加林带等。与南极不同的是，在这片土地上，有许多人类建设的城市、乡镇和村落。倘若有机会亲身去北极的话，于冰天雪地之中望村落里炊烟袅袅，那必定是一幅十分美丽的景象。

北极地区的陆地，除了亚欧大陆、北美洲大陆之外，星罗棋布的岛屿也很值得一看。其中，最有名的莫过于格陵兰岛了。

提到格陵兰岛，它除了是世界上最大的岛屿以外，还是世界上最古老的岛屿，其寿命已有38亿年。要知道，地球的寿命也不过46亿年。除了格陵兰

岛，北极地区还有许多其他岛屿，比较著名的有加拿大的北方群岛、冰岛和挪威的斯瓦尔巴群岛等。

 动物·小·知识

北极圈内的地方，纬度越高，出现极昼极夜的时间就越长。北极点附近的地方一年有近一半的时间是极昼，另一半是极夜。圈内靠近北极圈的地方则只有几天的极昼极夜。

说到格陵兰岛的形象，有一个有趣的比喻：格陵兰岛就像一个狭长的盘子，里面装着260万立方千米的冰块。估算一下，如果这些冰块全部融化，全球的海平面将上升6.5米，相当于2层楼那么高。怎么样，很惊人吧！5000年前就有一些勇敢的探险者来到这里，虽然当时的格陵兰岛是那么的荒凉寒冷，他们还是把这里命名为"绿岛"，以表达他们美好的愿望。如今的格陵兰岛是一座美丽的冰雪王国，有很多世界各地的游客慕名而来，感受北极神奇的魅力。

北极的美景动人心魄，随处可见冰封的海洋中高耸的山脉、壮丽的峡谷、银色的冰川、广袤的冻土，以及辽阔的苔原……这所有的美景无疑是对"壮美"一词最佳的诠释。

北极环境

　　同南极一样，北极是一片冰雪世界，由一片海和环绕着它的陆地组成。北极地区非常寒冷，在陆地上，有起伏的冰川、广袤的冻土，只有极少数的植物能够存活，是一片名副其实的苍茫世界。这里是一望无际的冰雪天地，特别是在冬季，北冰洋的绝大部分都会结起厚厚的坚冰，最大厚度可达6米，在冰面上不仅可以行驶车辆，还能起落飞机。在这里，很难分清哪里是海洋，哪里是陆地，所以北冰洋才会被称作为"白色海洋"。

　　北冰洋除了常年被冰雪覆盖外，与世界上其他的三大洋（太平洋、印度

洋、大西洋）相比，还有很多独特之处。首先，它是面积最小的大洋，只有1310万平方千米，还不到太平洋的1/10，以至于在相当长的时间里，人们认为它是一个由大陆围着的内海。一直到1650年，德国地理学家瓦伦纽斯才认为这片海域可以作为一个大洋；至1845年，伦敦国际地理学会才正式把这片海域命名为北冰洋。

四大洋中，北冰洋不仅是最小的，还是最浅的，其平均水深只有1 000米多一点，还不及太平洋的1/3。为什么它会这么浅呢？这是因为北极地区拥有世界上最宽阔的大陆架。世界上大陆架的平均宽度约为75千米，而北极的大陆架宽度却多在500千米以上，最宽处可达1700千米。宽广的大陆架存在于北冰洋的海底，也就使它成为世界上最浅的大洋。

北冰洋的"世界之最"，又何止这些？它还是世界上纬度最高、跨越经度最多、最淡的大洋。

动物·小·知识

北冰洋周围的大部分地区都比较平坦，没有树木生长。冬季大地封冻，地面上覆盖着厚厚的积雪。夏季积雪融化，表层土解冻，植物生长开花，为驯鹿和麝牛等动物提供了食物。同时，狼和北极熊等食肉动物也依靠捕食其他动物得以存活。

海水，在我们的印象中应该是苦涩、难以下咽的。既然北冰洋的海水最浅，那它的滋味又是如何呢？这里的海水依旧苦涩，只是轻得多。这是因为：一方面，北冰洋沿岸有大量的淡水河流注入，约占全世界河水总量的1/10；另一方面，北冰洋是世界上最小的大洋，这也就使北冰洋海水中的盐分得到了充分的稀释。此外，近年来全球气候变暖，导致北极地区的冰川快速融化，大量的淡水流入北冰洋，这也是一个不容忽视的因素。

随着对北冰洋探秘的不断深入，让我们也越过厚厚的海冰，探索海冰下那幽深奇妙的北冰洋水体。

或许有人会心有疑惑，既然北冰洋的表面都已经被冻住了，那么冰面下的海水还会流动吗？答案是肯定的。首先，海水会形成表层环流，其中比较有代表性的是"穿极漂流""绕极环流"等，此外，还有很多的环流。其次，北冰洋还与太平洋、大西洋连通，并与它们进行海水交换。北冰洋的异常酷寒，使得海水进入时还是暖流，出来时已是寒流了。北冰洋与大西洋连通的地方较宽，所以，当海水向南流进大西洋时，随处可见一簇簇蔓延开来的海冰随之漂流。

　　"旋转的深海幽灵"——深海涡旋，是存在于北冰洋深处鲜为人知的自然现象，是相当大范围的海水发生的旋转运动。涡旋仿若陀螺一般不停地转动，只是这个"陀螺"非常之巨大。据考证，曾有科学家观测到直径达几百米的庞大涡旋。北极的涡旋就像一个幽灵，在幽暗的北冰洋深海游荡。涡旋的持续时间一般都很长，有的甚至超过半年。北极深海涡旋的神秘将继续吸引着科学家进行探索。

北极的冰

北极的冰与南极不同。南极的冰主要是南极大陆上覆盖着的陆上冰川，北极的冰则分为两个部分：一部分是和南极大陆相似的，覆盖在北极陆地上的陆上冰川；还有非常重要的一部分是北冰洋海面上漂浮着的海冰。

北冰洋之所以被称为"白色海洋"，是因为它的大部分地区都是一望无际的坚冰。特别是到了冬天，在漫漫黑夜的笼罩之下，北冰洋上的海冰会显得格外辽阔、厚实，颇有"千里冰封，万里雪飘"的气势，我们难以分清哪里是陆地、哪里是海洋。到了夏季，海冰在热量的作用下开始逐渐消融，形成大大小小的浮冰群落，在靠近陆地的海域，还会形成可供船舶航行的开阔水

道，为人类的航运提供便利。

北冰洋上厚厚的海冰是平坦的吗？答案是否定的，北冰洋上的大风凶猛、肆虐，具有无坚不摧的力量，虽然海冰非常坚实，但也难以抗拒狂风的力量。就这样，北冰洋的海冰会在大风的作用下被挤出一道道冰脊、冰谷；被撕开一条条冰间水道。置身其间，只见冰面高低起伏、错落有致，"山舞银蛇、原驰蜡象"般的奇特造型如梦如幻，让人忍不住感叹大自然鬼斧神工的神奇玄妙。

北冰洋上的海冰还具有一神奇之处，那便是它在不停地漂流着。也许你会奇怪，这不很正常吗，冰面下的海水在流动，海冰自然也会"随波逐流"。事实并非如此，冰和水不同，冰是坚硬的，很难让它变形。但北极海冰和普通的冰不同，这里的冰是超大尺度的冰，不仅可以变形，还有一定的"修复能力"。

 动物·小·知识

　　　　北极冰原是连细菌都没有的死亡世界。但当你忘记了生存的艰
　　难，北冰洋又是那样神奇。只可惜，这些天地造就的自然景观再也
　　不会有人看到，它们在漂向大西洋的途中将慢慢融化。

北极的海冰在漂浮的过程中，如遇岛屿，便会"冰"分两路，从两侧绕行；另外，当冰面受到风力的作用，便会被挤压成脊，但是当它受到相反方向风力的作用，又会舒展开来，就像北冰洋上铺着的一块纯白地毯，十分有趣。

何谓冰川？其实，冰川不仅存在于极地，在其他纬度寒冷的高山地区也有分布，主要由千万年来的降雪层层积累形成，厚厚的积雪在自身压力的作用下逐渐形成了密实的冰川。南极大陆和北极格陵兰岛上的冰盖就是大型的冰川，北极陆地上的其他地区也有冰川存在。

冰川并非静止不动，而是会沿着陆地的斜坡缓缓流动，从冰盖的中央向四周扩展，最终流入海洋。有些冰川舍不得在陆地上的家，没有与陆地脱离，

而是沿着陆地成片地悬浮在海面成为冰架；还有一些则依依不舍地离开了陆地，崩解成大块冰体，漂入海洋，这便是四处漂流的冰山。目前观测到的最大的冰山长200多千米、宽60多千米，蔚为壮观。

如果到北极游览冰川，除了欣赏壮美的景色外，还有一点要值得注意，那就是要时刻警惕"高山妖怪"——可怕的雪崩。在北极的一些积雪山区，当温度回升、坡度陡峭、积雪加重等因素达到一个危险的临界点时，可怕的雪崩就会瞬间发生，其后果是毁灭性的。所以，尽量避免进入雪崩区不失为良策，探险的路径还是要选择安全实在一些的，不是吗？

近些年来，随着全球气候的变暖，冰川融化的速度也在不断加快。很多小型的冰川都已消失，北极格陵兰岛上的冰川也已大大缩小，这一现象引起了人们的关注。

如果冰川融化的速度得不到控制，全人类都将成为受害者。到那时不仅海平面会上升几十米，从而淹没绝大部分沿海城市，还会使洪水、泥石流等自然灾害更加频繁。我们需要通过践行低碳生活等实际行动，来为遏制全球气候变暖做些力所能及的努力。

北极的人文环境

南极是没有土著居民的，这主要是由于南极的周围是茫茫大海，人类很难远涉重洋来到这里；而北极就大不相同了，它被亚欧大陆、美洲大陆所环绕，在漫长的历史长河中，不断有人迁徙到这里定居，逐渐形成了现在的因纽特人。

因纽特人属于蒙古人种，黑头发，黄皮肤，面部宽大，颊骨突出。大约在1万年以前，他们从亚洲渡过白令海峡到达美洲北部，或是通过冰封的海峡陆桥到达的。他们主要分布在格陵兰岛、加拿大北部、阿拉斯加、西伯利亚等地区。因纽特人的总人口约13万人左右，其中格陵兰岛上的人数最多，有5万多人，他们是生活在地球最北部的人。

过去，北极土著——因纽特人曾被印第安人称作爱斯基摩人，意思是"吃生肉的人"。这听起来可不是一个好名字，给人很野蛮的印象。这是因为在历史上，因纽特人和印第安人虽然是邻居，却存在不少矛盾，所以印第安人就给因纽特人起了"吃生肉的人"这么一个"绰号"，并在世界范围内传开了。因纽特人对此感到不满，并于1970年向全世界发出了正名宣言，称自己为因纽特人，意思是"真正的人"，此后外界也改口称呼他们"因纽特人"，以尊重其文化精神。

因纽特人称自己为"真正的人"是有原因的，因为他们是在与大自然的斗争中才生存下来的。北极地区气候恶劣，环境严酷，还要随时面临北极熊等可怕动物的袭击，想要生存下来何其艰难！但因纽特人在这里生存繁衍了几千年，是人类历史上的一大奇迹。他们可以面对长达数月甚至半年的极夜，在零下几十度的严寒中无所畏惧，仅用简单的武器甚至赤手空拳就敢去与冰封海洋的霸主——北极熊一拼高下。他们不是不知道危险，只是倘若不去捕猎，他们一家甚至整个部落就会饿死，所以，有人评价因纽特人是世界上最强悍、最顽强、最勇敢和最为坚忍不拔的民族。"真正的人"的称呼他们当之无愧！

动物·小知识

因纽特人在过去几千年里的发展变化极其缓慢。他们没有货币，没有商品，没有文字，甚至连金属也极少见，是一种全封闭式的自给自足式的自然经济，相当于人类历史上的新石器时代。

早先称因纽特人为"吃生肉的人"，这也的确是他们饮食方式的体现。从前因纽特人确实是吃生肉的，这是客观环境造成的。在北极极其寒冷又冰天雪地的环境中，几乎没有什么植物。想要找到足够的燃料升起一堆火也是非常奢侈的事情，更别说要发展农业种点庄稼了。所以，他们只能以肉类为食，

包括驯鹿、海豹、海象、鲸鱼、北极熊等。在捕获到猎物之后，他们就会把猎物的肉切成生肉块作为食物。他们还会充分利用猎物的其他部分，如用毛皮做衣物、被褥等。因纽特猎人穿的用整张兽皮制成的衣服，既可以抵御寒风，又可以沾雪，使猎人在狩猎时便于隐藏。猎物的油脂可用于取暖、照明和烹饪，骨、牙可作为工具和武器。在现代生活方式的影响下，因纽特人已基本摒弃了吃生肉的习惯，"吃生肉的人"这个称呼早已不合适他们了。

了解了因纽特人的食和衣，再来了解一下他们的行和住。

因纽特人的交通工具主要有两种：在陆地上的狗拉雪橇和在水上的皮划艇。狗是因纽特人忠实的朋友。在冬季，因纽特人使用狗拉雪橇；到了夏季，由于冰雪融化，雪橇不能使用，他们就用狗来驮东西，还用它们拖船、协助捕猎等。皮划艇是因纽特人的水上交通工具，是用木头做成框架，然后用几张海豹皮或海象皮覆盖其上制成的。这样的船体既轻又防水。因纽特人的皮划艇有敞篷船和带舱的船两种，因纽特人称之为屋米亚克和柯亚克。这些皮划艇主要用于打猎，因为用它们追逐猎物时速度快、操作灵活。这些无不体现因纽特人的智慧与勇气。

雪屋是因纽特人独具特色的住房，不仅要求力学上的稳定，对外形的要求也颇为严格，堪称建筑上的杰作。建造雪屋所用的雪块需要质地均匀、软硬度合适，要用工具探试雪层中有无冰层和空气。雪块的大小视拟建雪屋的大小而定，屋子越大，雪块相应切得越大。建造雪屋的关键技术在于如何将雪块一块块摆成圆圈，呈螺旋状上升，而不用任何辅助材料。这就要求雪块之间要做到精确吻合，使雪屋坚固而不至于倒塌。雪屋封顶之后，在底部挖出一扇门，把屋内的一部分用雪堆垫高，铺上兽皮等物，这就是因纽特人的床了，另外，他们在顶部开一个通气孔，以免屋内过热使雪块融化。

一个经验丰富的因纽特人能在1小时内建好供三四人居住的雪屋，也只有"真正的人"才能在零下几十度的寒冷天气独自选料、切雪块、搬运，最终建成雪屋。

第二章

极地的鸟类

鸟类的体温较低，这使得它需要食用大量的食物来提供身体内部燃烧热量，以维持身体的温度。然而，在极度严寒的极地地区，食物十分匮乏，即使是夏季，很多鸟类在户外也是很难找到食物，更别说寒冷的冬季了。因此，很多生活在极地的鸟类仅能出现在夏季很短的时期，人类对于它们的调查充满着难以想象的困难。

空中强盗——贼鸥

　　贼鸥是贼鸥科几种掠食性海鸟的统称。在美国和英国，贼鸥所指的种类也不尽相同。在美国，贼鸥仅指英国人所称的大贼鸥。而在英国，贼鸥还包括3种美国人所认为的的猎鸥。

　　贼鸥的飞行能力很强，南极的贼鸥能飞到北极，并在那里生活。因此，贼鸥是惟一既在北极又在南极繁殖的鸟类。除人类外，贼鸥是曾出现在最接近南极点处的生物。

　　贼鸥的长相倒并不难看，它形似海鸥，体长约60厘米。有着洁净的褐色羽毛、白色的大翅斑、黑得发亮的粗嘴喙、炯炯有神且圆圆的眼睛。

动物·小·知识

贼鸥的食物主要是企鹅蛋或海鸥等其它海鸟及磷虾。有时候，贼鸥会同伙伴合作捕猎，即一只贼鸥在前头引开企鹅，另一只贼鸥在后头取其蛋，"贼鸥"之名就是由此得来。

贼鸥喜欢不劳而获，它从来不自己垒窝筑巢，而是经常抢占其他鸟的巢窝。贼鸥通常会一次产下两只蛋，但是，二者之间经常会发生骨肉相残的事件。其中，先孵出的占有绝对优势，它不仅总是先夺去父母带来的食物，甚至还会把比自己小的那只贼鸥赶出鸟巢，被赶出鸟巢的那只贼鸥很容易遭受猎杀。除此之外，由于贼鸥抢占的鸟巢常在企鹅鸟巢附近，所以处于雏鸟时期的贼鸥也很容易误给企鹅踩死。

懒惰成性的贼鸥，并不挑剔食物，不管好坏，只要能吃饱就行。除鱼、虾等海洋生物外，贼鸥还以鸟蛋、幼鸟、海豹的尸体和鸟兽的粪便为食，有时，贼鸥甚至还会吃考察队员丢弃的剩余饭菜和垃圾。不过，贼鸥也会穷凶极恶地从别的鸟、兽的口中抢夺食物。一旦它们填饱肚皮，就蹲伏不动，消磨时光。

在南极的冬季，有少数贼鸥在亚南极南部的岛屿上越冬，其中中国南极长城站周围就是它的越冬地之一。这时，贼鸥的生活更加困难，没有可供居住的鸟巢，也没有可供使用的食物。不过，贼鸥有自己的生存办法，它懒洋洋地呆在考察站附近，靠吃站上的垃圾过活，因此又有"义务清洁工"之称。

飞行之王——北极燕鸥

　　北极燕鸥是燕鸥科的一种海鸟，它一般在北极及北极附近地区分布。它的食物主要是鱼和栖息于沼泽、海岸等地带水生的无脊椎动物。

　　北极燕鸥是体型中等的鸟类，它的身长约为33 ~ 39厘米，两翼展开大约有76 ~ 85厘米。北极燕鸥的羽毛主要呈灰和白色，喙和两脚呈红色，前额呈白色，头顶和颈背呈黑色，腮帮子呈白色。北极燕鸥的翅膀大体呈灰色，长约305毫米，肩羽带棕色，上面的翼背呈灰色，带白色羽缘，颈部呈纯白色，其带灰色羽瓣的叉状尾部亦然。

　　北极燕鸥的体重一般是900~2000克，这十分有利于其飞行。此外，北极燕鸥的尾巴呈叉形，它的翅膀又窄又长，使它在空中飞翔时具有比其他飞鸟

大得多的浮力。

北极燕鸥是一种候鸟，它的迁移路线是已知的动物中最长的。当冬季来临时，沿岸的水结了冰，北极燕鸥便出发开始长途迁徙。它们一直向南飞行，越过赤道，绕地球半周，来到南极，在这儿享受南半球的夏季。直到南半球的冬季来临，它们才再次北飞，回到北极。这是一次长达38625千米的旅行。北极燕鸥是世界上远程飞行记录的保持者，它一生当中可以飞100万千米以上！

 动物小知识

　　由于北极燕鸥习惯于过白昼生活，所以被人们称为"白昼鸟"。当南极黑夜降临的时候，便飞往遥远的北极，这是因为南北极的白昼和黑夜正好相反，这时北极正好是白昼。

据研究发现，北极燕鸥的寿命很长，它们可以活33年以上，20年的寿命很可能是相当普遍的。1970年，有人捉到了一只腿上套环的燕鸥，经检测研究发现，那个环是1936年套上去的。也就是说，这只北极燕鸥至少已经活了34年。由此算来，它在一生当中至少要飞行150多万千米。

滑翔冠军——信天翁

信天翁一般分布在南半球，其中，在南纬45°～70°集中了数目最多的信天翁，在南半球的温带水域也有信天翁繁殖。同时，一些特殊种类的信天翁也分布在北太平洋，如主要在日本和台湾外海的岛屿上繁殖的短尾信天翁、西北太平洋的黑脚信天翁和夏威夷群岛的黑背信天翁。虽然在180万年前～1万年前的更新世曾有信天翁在北大西洋繁殖，然而，如今北大西洋的信天翁已经绝迹。造成今天信天翁在北大西洋没有种群的原因很可能是后更新世的扩散现象没有在那里发生。另外，也有在赤道处繁殖的信天翁，如在拉普拉

塔岛上的加岛信天翁，信天翁之所以能在这里生存是因为这里的气候受寒流洪堡洋流的影响。

动物·小·知识

> 信天翁在求爱时，嘴里会不停地发出"咕咕"的声音，犹如在歌唱一般。同时，信天翁还会非常有绅士风度地不停地向"心上人"弯腰鞠躬。信天翁还十分喜欢把喙伸向空中，以便向它们的爱侣展示自己的优美曲线。

信天翁是食腐动物，它们的食物主要是鱼、乌贼、甲壳类动物等。信天翁主要在海面上猎捕这些食物，但偶尔也会像鲣鸟一样钻入水中。信天翁可以钻到水中很深的地方，如灰头信天翁可以钻到深度达6米的水下，而灰背信天翁甚至可以钻到深达12米的水下。信天翁的饮食范围很广，它们还喜食从船上扔下的废弃物。

信天翁有时会在夜间觅食，因为那时很多海洋有机物都会浮到水面上来。有关信天翁白天和夜间觅食的比例问题，人们是通过让它们吞下一个传感器的办法来获得详细信息的。传感器位于胃中，当信天翁吞入一条从寒冷的南大洋水域中捕获的鱼时，体内温度会立刻降低，传感器便将此记录下来。信天翁摄入的食物成分比例因种类而异，而这对信天翁的繁殖生物学有很大的影响。

海上鹦鹉——海鹦

海鹦是一种很有特色的鸟类，会随着季节的变化而改变颜色。海鹦喜欢群居，一旦聚集起来成千上万；同时又喜欢比翼双飞，如果看到两只黑色的鸟儿在海天之间并肩快速飞行，十有八九就是海鹦。

海鹦的外形与鹦鹉有些相似，它的体长约为30厘米，面部颜色十分鲜艳，有一张呈三角形的带有一条深沟的大嘴巴。背部的羽毛呈黑色，腹部呈白色，脚呈橘红色，像鹦鹉那样美丽可爱。"海鹦"之名也由此而来。

动物小·知识

海鹦的群居生活方式自发地形成了一种集体主义精神。不论是迁徙途中飞行，还是在栖息地，它们总是成群结队，统一行动。

海鹦将蛋产在狭窄的石缝上，当海风吹来，它便在原地打转，而不会滚落摔碎。原来，海鹦的蛋是梨形的，就像一只不倒翁，这是海鹦为了适应环境而演变出来的本领。海鹦的尾部有一个分泌油脂的腺体，它们会将由腺体分泌的油脂涂满羽毛。这层油脂一方面使海鹦在飞行时减少了热量的散失，另一方面使海鹦在水中穿梭自如。繁殖季节，雄海鹦的喙会由原来的灰白色变成彩色，以此来取悦雌海鹦。喙最主要的用途是捕食，凭着这种独特的捕鱼工具，海鹦的口中一次能排列60多条鱼！

海鹦的飞行速度可达每小时40千米。在水中，海鹦的翅膀简直就像个发动机，游起来比一般的鱼还快。海鹦可潜入水下24米去捕鱼，捕鱼是它们谋生的手段，没有一点绝活怎么行呢？

凶猛飞禽——大隼和隼

地球上栖息有8000多种飞禽。令人惊叹的是，它们有的小巧玲珑，有的硕大无朋；有的形态奇特，有的羽衣艳丽；有的嗓音婉转动听，有的响亮而高亢。

然而，这一切都与鹰无缘。鹰属于中型飞禽，羽毛并不华丽，也根本不是好歌手，尽管这样，它们却最有资格被称为飞禽中的佼佼者。在诸多猛禽中，鹰的确是无与伦比的。鹰在猛禽中的地位，如同狮、虎和其他猫属动物在凶猛哺乳动物之中的地位一样。只有鹰才这样绝妙地集力量、机敏、勇敢、快速和翱翔优美等于一身。鹰的身体结构，羽毛色泽没有令人注目的、值得

炫耀的地方，但是，也没有任何无用的成分。鹰的习性，令人不禁肃然起敬。它们一般是公开攻击猎物，对待着不动的猎物则不予理睬，对于死去的更是不屑一顾。因此，难怪大个的鹰甚至有矛隼之称。

在靠近俄罗斯的北极地区可以见到两种鹰，它们分别叫做大隼和隼。这两种隼和其他种隼一样，体格健壮，头大，眼睛大且呈暗棕色，眼睛四周是一圈圈裸露的黄色肌肤。也许，正因为这样，隼的目光才如此锋利、敏锐，它的双腿强壮有力，两翅又尖又长。隼重要的突出特征是它那上半片喙上的锐齿。大隼比隼要小，它的上半身平常呈深灰色，略带灰蓝色，它的下半身颜色较淡，带有"鳞纹"，大隼愈是年高，这种"鳞纹"变得愈暗。它面颊上又长又黑的"胡须"清晰可辨。

 动物·小·知识

隼形目多数在白天活动。一般单独活动，飞翔能力极强，是视力最好的动物之一。也被人们认为具有勇猛刚毅等优良品格。

大隼和隼相比，不仅个头要大，面且体格特点也不一样。隼躯体壮实，尾巴较长，而翅膀较短；而大隼的羽毛会变色——有时是深灰色，杂有深色横纹；有时又呈浅色，几乎纯白。

除了南极外，在其他所有大陆上都能见到大隼。俄罗斯的冰土带和森林冻土带定居着大隼的一个特殊亚种——冻土带隼，或称白脸隼。而隼则只栖息于大陆北部、北美和格陵兰岛上，只有它的一个亚种栖息在西伯利亚南部山区和天山一带。

大隼又叫天涯漂泊者。这个名称对于冻土带的大隼来说真是名副其实，因为它要进行定期的迁徙，以便在欧洲南端、南亚和北美南部越冬。在选择筑巢地点时，大隼表现出"极大的审美能力"。它们常栖息在山岩之巅以及又高又陡的河岸，总之，要选择风景如画、视野开阔的地方。这样的地段并不常见，也许正因为如此，隼才对这种地块恋恋不舍。例如，在19世纪80年代，英国旅行家古勃姆在伯朝拉河下游发现了一个大隼的巢,这个巢从17世纪起就一直处在同一个地方。大隼和隼在50年、甚至100年间在同一山岩或海角筑巢(当然,在此期间鸟儿本身已经数代更替了),这十分常见。这些地方也常常会由此而得名,如鹰角、鹰崖或鹰岛。

在很简陋的鹰巢中(这不过是个不深的坑穴,里面随便铺着些草屑和羽毛),有时就直接在光秃秃的地面上,雌性大隼产下四只微红的带花斑的卵。经过一个月的孵化,周身长满白色绒毛的雏鹰便破壳而出。又过一个半月左右,幼鹰蜕掉最后一身绒毛,逐渐掌握飞行本领并开始向独立生活过渡。9月,当大部分飞禽离开冻土带时,大隼也飞往南方。

鹰的猎物主要是飞禽类动物,大隼一天的食量大约为150克。如果从远处观看鹰攻击猎物,这场面是扣人心弦的。一般说来,大隼要事先升入高空,然后收敛双翼,向下俯冲,直捣猎物。鹰偶尔也有扑空的时候,但接着还会有新的"招法",但是,一般来说,猎物的命运是注定了的。鹰发起攻击时往往用紧贴身体的爪子,确切说,是用后趾强壮而锐利的爪子对猎物予以致命的打击。

北极火鸟——绯鸥

尽管生长在寒冷的北极海域，但绯鸥的美丽是令人目眩的。它有一身闪着耀眼光泽的玫瑰红色的羽毛，黑项圈像丝绒般的美丽，深棕色的眼睛四周宛如镀上一圈珊瑚色的光环。它就像童话里的神鸟一样美丽动人。

绯鸥是一种十分罕见的鸟，关于它的美丽还有一段奇妙的传说：据说在游牧人的居住地，住着几位年轻的姑娘，她们生活得十分幸福，从不知愁苦。只有一点她们不满足，那就是她们觉得自己还不够漂亮。姑娘们去找老巫婆，请她给出个主意。老巫婆因为嫉妒姑娘们，暗自盘算要置她们于死地。她假惺惺地说："待冬天最冷的时候，冰封的河面就会结出冰锥。当冰锥炸开时，你们就跳入水中，用冰缝中涌出的红色河水洗澡，那时，你们的面容会更加红晕美丽，变得更加漂亮了。"因为想变得更美丽，单纯的姑娘们轻信了老巫婆的话。严冬降临，冰封河面，河面上果真长出一个巨大的冰锥。水的压力使它轰的一声炸裂开，河水涌流出来。姑娘们来到冰缝旁，勇敢地跳了进去，浸没在刺骨的冰水中。深红色的冬日挂在天上，把万物都染成红色。可怜的姑娘们被冻僵了，离开了人间。但是，她们的灵魂却飞向天空，化作一群绯鸥朝大海飞去。从此以后，每年她们都要飞回来，在海面上悲鸣着"切凯，切凯……"，因为美丽夺去了她们的生命。

绯鸥生活在北极地带的沼泽地里，它们一般在苔地上筑巢，绯鸥的窝很浅，里面只铺有几片树叶和几根草棍。绯鸥通常在潮湿的青苔中寻找食物，或是在水洼地里捕食，从不离窝太远。有时，绯鸥也会飞到空中，居高临下搜寻猎物，一旦发现目标，它们就像箭一般俯冲下去，迅速地抓住猎物。

动物小·知识

绯鸥虽然个头小，外表温文尔雅，但它们却是勇敢的鸟类，任何猛禽也休想在它们的领地站稳脚跟。

绯鸥的领地意识很强，一旦看到淡灰鸥飞来，就勇敢地冲过去作出一副攻击姿态，直到把对方赶走为止。

绯鸥的鸟蛋呈棕色，上面布满着深褐色的斑点。绯鸥的家庭十分和睦，它们十分爱护自己的孩子，一般都是夫妻俩轮流孵卵，即使飞出鸟窝也从不远去。

刚出生的小绯鸥羽毛呈灰褐色，头上、背上布满了深褐色斑点。这其实是小绯鸥的一种自我保护，因为这身装束和周围覆盖着青苔的土墩颜色融为一体，不容易被敌害发现。小绯鸥很快就可以自由行动了，3个月后，它们就会变得跟爸爸妈妈一样美丽。

曼妙舞姿——北极白鹤

北极白鹤，雅库特语叫"肯塔留克"，是当今最大的、最引人注目的鸟种之一。它的身长在1米以上，翅膀宽约2米，而体重达7~8千克。北极白鹤除两翼的主要飞羽是黑色外，成年鹤全身羽毛呈纯白色，而它的嘴和"脸"的表皮则为砖红色。

早在一两百年前，北极白鹤就为数不多了，然而它们在西伯利亚的分布却很广，栖息在从草原带一直到冻土带的旷野上。但是到后来，它们从西伯利亚的大部分地区消失了，其原因大概是由于水塘干涸（特别是在19世纪后半叶），人类开垦草原，排干沼地，对它们的直接伤害，其中还包括对北极白鹤卵的收集。

目前，北极白鹤基本只在两个孤立的地段繁殖——雅库特的东北部，亚

纳河与阿拉译雅河两河之间的森林冻土带和冻土带；同时还少量分布在西伯利亚的沼泽林区、孔达河和索西瓦河流域（鄂毕河左岸）。夏天里，孤鹤流动在十分广阔的地域，其中包括雅库梯亚西北部。南亚的印度、巴基斯坦和中国则是它们越冬的地方。

北极白鹤在5月份的最后几天里，同时飞临它们便于营巢的地方。此时，积雪正在迅速消融，第一批嫩绿的野草破土而出。白鹤小群飞来，在开始营巢之前，同别种鹤一样，首先要花一定时间跳独特的"舞蹈"。它们通常五六只一起跳，一只跟着一只环绕而行，脚步忽快忽慢，时而停住，长脚弯曲，彬彬有礼地蹲下，然后再直起身来，张开翅膀，互相致意，或者头冲着圆圈中央，一起"鞠躬"，舞姿极为华丽曼妙。

不过，北极白鹤不仅是在春天跳舞，就是在其他季节，甚至连孤鹤也会翩翩起舞。这就是说这并非是鸟类发情的表现，也并非是婚礼仪式的组成部分，大概是白鹤用来表现它们某些情绪的一种方式。也许，这不过是它们的游戏而已。

北极白鹤营巢的地点通常选择在平原沼泽冻土地带中的泥泞湖岸或河套，以及森林冻土带或原始森林中人烟罕至的沼泽边缘。它们通常在土墩上筑巢，就地搜集一些败叶烂草，将巢草草铺就。因此，倘在近处找不到巢的主人，是很难发现鸟巢的。假如白鹤不受惊扰，它们便会年复一年地在同一个地方安居，只需春天时把巢用草重新铺盖一番。雄性和雌性白鹤共同分担孵卵和抚育幼鹤的义务。6月初，它们产卵完毕，一次产1只或2只略呈绿色的、带有褐色和粉红色斑点的大蛋。大约过一个月，雏鹤即破壳而出。

动物·小·知识

在世界范围内，白鹤有3个分离的种群，在西伯利亚东北部繁殖，在长江中下游越冬的东部种群；在西伯利亚的库诺瓦特河下游繁殖，在印度拉贾斯坦邦的克拉迪奥国家公园越冬的中部种群；在俄罗斯西北部繁殖，在里海南岸越冬的西部种群。

北极白鹤性格非常谨慎，而在它们的繁殖季节更是警惕万分。一般情况下，只要它们稍感危险，就会悄悄地离巢远去。如果幼鹤已经长大，它们便会携家出走。在脱毛不能飞翔的时候，为了保护后代或自卫，它们会对北极狐、北方鹿，有时甚至是对人奋起攻击。

白鹤的幼雏破壳而出后，浑身长满浓密的、浅褐色的绒毛，数小时过后，便开始觅食。如遇到危险，它们则巧妙地利用沼泽地的淡褐色草毯来掩护自己。到了秋天，幼鹤已达到成年的个头，但全身的羽毛却仍是灰色，而不是白色，直到来年春天，它们才身着几乎是纯白的"服装"飞回故乡。然而，到它们完全发育成熟、并开始生儿育女，却不会早于三四岁以前。

北极白鹤基本上以素食为主，如草根、草茎、嫩草芽和野果等。同海雁一样，白鹤的胃里满是小石子，这可以帮助磨碎粗糙的植物性食物。但是，白鹤有时也不放过吞食旅鼠以及在湖上或河湾捕食金花鼠的机会。

8月底到9月初，北极白鹤同海雁一道飞往南方，大约一个月过后或稍晚一些时候，飞抵它们越冬的地方。北极白鹤在沼泽地、河流浅滩和河口地带合家而居，或者结成一小群。它们就在这里觅食、休憩，并不飞到周围田野里吃食，因而当地居民在大多数情况下待它们十分友善。

北极白鹤现存的数量很少，还不到1000只，所以它们的前途令人焦虑。拯救它们的工作自20世纪已经开始。俄罗斯的狩猎法将它们归于绝对保护的飞禽之列。作为受到灭绝威胁的鸟种，北极白鹤被列入了保护自然和自然资源的国际联盟中。国际贸易公约也全面禁止对白鹤以及与其有关的产品（包括白鹤的毛皮和蛋）的贸易。同时，科学家还开始了人工繁殖白鹤的试验，如今已初见成效。

一年四变——雷鸟

在北美印第安人的神话传说中，有一个神通广大的鸟形精灵，由于它的存在，给人间大地带来了滋润，草木的繁茂。它一张嘴就发出一道闪电，一扇翅就能发出隆隆雷声。有人认为，这个传说中的精灵就是雷鸟。

雷鸟是一种广泛分布于严寒地区的鸟，尤其是在北极居多。它最奇特的地方是善于"隐身"。雷鸟能根据季节、环境的变化，适时地改变自己羽毛的颜色。春天，绿草萌生，广阔的苔原开始有了生气，这时，雷鸟立刻换上了带有暗横斑的棕黄色的"春装"；夏天，草木茂盛，四周郁郁葱葱，雷鸟就换上一身栗褐色的"夏装"，和周围岩石、大地的颜色十分和谐；秋天来临，田野一片金黄，雷鸟又适时地换上了有黑色带斑和块斑的暗棕色"秋装"，和四

周的环境协调一致；冬天，冰天雪地，四周一片白茫茫，雷鸟便脱下了所有的"彩"衣，换成了一身雪白的"素衣"，与白色世界融为一体。

 动物小·知识

在欧美的很多魔幻类游戏中，雷鸟也常常出现，是一种会以闪电打击敌人的强大的怪物。

雷鸟这种变换毛色以求生存的本领，就是它世世代代适应这种艰难环境的结果。尽管有这种伪装的服饰，雷鸟有时也不能逃脱被捕食的命运。

雷鸟是一种老实、温顺的鸟类。苔原地区的北极狼、北极狐、雪鸮，都是它的天敌，甚至鸥鸟也会捕食幼小的雷鸟。

特技飞行——雪鸮

雪鸮是属于鸱鸮科的一种大型猫头鹰，又叫白鸮、雪猫头鹰、白夜猫子。雪鸮通常在环北极冻土带以及北极圈内的不被冰雪完全覆盖的岛屿上栖息。在食物匮乏的季节，雪鸮可能漂泊到欧洲、阿拉斯加、高加索山脉、土耳其、日本、朝鲜，甚至可以延喜马拉雅山游荡到印度西北部，雪鸮在中国的黑龙江北部、新疆西部也会出现。据调查统计，目前全世界只有几千只雪鸮幸存。

雪鸮的体长55～65厘米，体重1～2千克。头圆而小，面盘不显著。全身羽毛白色，可能具褐斑。眼部和面盘稍染浅褐色；头顶长有少数黑褐色斑点。雌鸟和幼鸟下腹部具有窄的褐色横斑，嘴铅灰或黑褐色，指甲灰褐，端黑，没有耳羽簇；嘴的基部长满了刚毛一样的须状羽，几乎把嘴全部遮住。虹膜金黄色，嘴铅灰色或角褐色，爪基灰色，末端黑色。它的羽色非常美丽，通体为雪白色，雌鸟布满暗色的横斑。

雪鸮是一种几乎完全在白天活动和觅食的鸮类，它的食材十分广泛。在北极地区，雪鸮的食物主要是旅鼠和雪兔等啮齿动物，但在食物匮乏时，雪鸮也捕食其他啮齿类动物、小鸟，甚至一些中大型鸟类。事实上，除了北极熊以外，雪鸮可以捕食北极地区的任何一种动物。

 动物·小·知识

虽然雪鸮的天敌很少，但成年雪鸮也在时刻保持警戒，对任何可能对它们或它们的子女造成威胁的事物都做好了防御准备。

　　由于北极有极昼和极夜之分，所以，在极夜的冬季，雪鸮只好往南游荡。流落在栖息地范围外的雪鸮，通常会在觅食途中迷途，这也是各地带都有出现雪鸮的原因。

　　雪鸮一般于 5～8 月在北极冻原地带开始繁殖。它们会先在苔原上选择一个较为干燥的小山坡，扒出的一个凹坑，或者直接利用地面上的天然凹坑，以作为产卵的巢。

　　雪鸮每窝产卵通常为 4～7 枚，它的窝卵数的变化较大，多的话可以达到 11~13 枚，少的话也可能只有 3 枚。不过，雪鸮的产卵数常与北极地区的旅鼠的数量增长周期相一致。雪鸮的卵为白色，呈椭圆形。雪鸮一般是由雌鸟单独孵卵，雄鸟会在巢的附近警戒，并为雌鸟供应食物。雪鸮的孵化期为 32～34 天，雏鸟需由亲鸟共同喂养约 51～57 天才能飞翔。

大智若愚——绒鸭

　　绒鸭是一类大型的海鸭，它的种类很少，全球大约只有10种。绒鸭属非常危急的濒危动物，有些品种的绒鸭数量稀少，一些地区的绒鸭甚至已经绝种。

　　绒鸭主要分布在北极地区的海岸和沿岸岛屿上。不过，在寒冷的冬季，它们会到比较靠南的法国、英格兰和阿留申群岛去过冬。

　　为了适应北极寒冷的气候，保持体温，绒鸭的体形显得体大膘肥，看上去茸乎乎的。雄绒鸭的羽毛颜色十分鲜艳，它的头顶、侧面、腹部和尾巴上的羽毛都呈黑色，脖子侧面的羽毛则呈绿色，胸部上的羽毛是浅桃红色的，

翅膀上的羽毛则是黑白相间的，除此之外，它的尾部的边缘上还有一块白颜色的区域。雌绒鸭的体色较为单一，它们的体型较雄绒鸭小，褐色的翅膀上布满了黑色条纹。绒鸭的幼鸟的颜色与雌绒鸭的颜色差不多，只是头顶的颜色更深一些。

绒鸭的一生中大部分时间在海洋中漂流，只在繁殖后代的时候，它们才会到繁殖地孵卵。当每年晚夏季节，北极地区的岛屿四周被水环绕着，北极狐等很难涉足其中时，绒鸭便开始在岛屿上筑巢繁殖。因为喜欢自己单独孵蛋，它们对周围的环境没有太高的要求，因此几乎到处筑巢。可以在多礁石的海滩安家落户，同样也可以在远离海洋的僻静沙丘凹处孵蛋。人们甚至能在小树林和畜牧场的边缘见到它们。

 动物小·知识

　　冰岛绒鸭绒在欧洲被誉为"最顶级的羽绒"，许多欧洲人将此珍贵的被子作为藏品珍藏，冰岛绒鸭绒采集和分拣完全由人工完成，在全球市场每年的供应量仅有约3000千克，而分配到中国的就更加稀少。

绒鸭通常在浮木或一丛海草下面筑巢，用以避风。绒鸭是一种十分聪明的动物，它把巢建在一种并不好相处的海鸥的巢的附近。虽然这种海鸥也是绒鸭卵和幼雏的捕猎者，但是，绒鸭可以借助这种海鸥的力量，将其更强大的敌人如贼鸥、北极狐等赶走。这种牺牲局部利益以换取更大好处的做法，就是绒鸭聪明之处的一种体现。

绒鸭的巢其实就是地面上的一个用很多草秆铺成的浅坑。雌绒鸭一般会生4～6个蛋，在孵蛋之前，它先要从胸部羽毛上拔下许多精致的绒毛，铺垫在巢里并覆盖鸭蛋。因为绒鸭的绒毛可以用来制作上等鸭绒被、鸭绒衫和枕头，十分珍贵。从35～40个绒鸭窝中，可以收集到大约500克的鸭绒，而且不会影响它们的繁殖。当幼鸟孵成之后，人们还会收集这些鸭绒来填充枕头和被褥。

绒鸭需要花费差不多要4周的时间才可以把这些蛋孵化。在孵卵期内，为了保证蛋壳中的孩子不会被寒冷的天气冻死，绒鸭几乎从不离开巢，也不吃任何食物。只有在孵卵初期那些天气还算温暖的日子里，雌绒鸭才会短暂地飞离自己的巢，寻找食物补充一下能量，就又很快地赶回来。

绒鸭的幼鸟是离巢鸟，破壳而出几小时之后，就能和父母一起到海边散步了或者在父母的带领下下海，而且它们马上就能游泳和潜水。它们从父母那里得到食物，还学习各种捕食的技巧。大约经过60～75天的时间，小绒鸭的羽翼丰满了，身体强壮了，它们就会开始过独立的生活。绒鸭的生存率很低，它们面对的是一个危机四伏的世界。在前途上，有寒冷的天气和各种可怕的天敌，只有那些强壮又幸运的个体才能生存下来，担负起繁衍种族的重任。

潜水高手——北极潜鸟

北极潜鸟是一种大型水禽，也叫白嘴潜鸟，隶属于潜鸟目潜鸟科。是潜鸟中个体最大的，体长75～100厘米，嘴粗厚而向上翘、黄白色，颈较粗，前额明显的隆起。夏天时，头和颈的羽毛是黑色，有蓝色金属光泽；喉部下方有小的白色斑点组成的白色横带；前颈至颈侧部有一条宽的白色横带，在前颈中部断开，极为醒目；上体黑色，有显著的方块型白斑。冬天时，上体的羽毛为黑褐色；前颈白色，与后颈黑褐色分界不明显；眼周白色。这些特征明显与其他潜鸟不同，在野外极易区别。

北极潜鸟广泛分布于北半球高纬度地区，而冬季则南迁越冬。在繁殖期，主要栖息在北极苔原沿海附近的湖泊与河口地区，也出现在西伯利亚东北部

的山区湖泊与河流中。秋季迁徒期间和冬季，则主要栖息在沿海和近海岛屿附近海面上，有时也出现在河口地区。常成对或成小群，偶尔亦有单只活动在较大的湖泊和海上，不出现在小的水塘。北极潜鸟在水中身体下沉较深，颈伸直，头向上举，嘴向上倾斜。飞行时头颈向前伸直，两脚伸出尾后。飞行速度快，但从水面起飞困难，需要助跑。叫声高而粗。

 动物·小·知识

北极潜鸟既擅长潜水又不失飞翔能力，但在陆地上走路则很笨拙。

它们的长喙十分锋利，主要以鱼类为食，也吃水生昆虫、甲壳类、软体动物和其他无脊椎动物。觅食方式通过潜水，通常在苔原湖泊和海上觅食。

6～8月是北极潜鸟的繁殖期，营巢于苔原湖泊岸边，巢由枯草堆积而成，极为简陋。每窝产卵1～2枚，通常2枚。

北极潜鸟春季迁徒于4～5月，5月末6月初到达繁殖地。秋季于9～10月迁徒，10～11月到达越冬地。在我国为少见冬候鸟，仅偶见于辽东半岛和福建，在整个亚洲都很少见，数量稀少，近几十年来很少见有报道，是罕见的冬候鸟。

冰川为家——白斑翅雪雀

白斑翅雪雀体型略大，成鸟大约17厘米。身体壮实且修长；翼及凹形尾多白色。成鸟头灰，上体褐色而有纵纹，腹部皮黄色；喉黑，尤其是繁殖期的雄鸟。幼鸟似成鸟但头部皮黄褐色，白色部位沾沙色。尾羽白色具黑褐色端斑，越向外侧端斑越小，直到最外侧一对则完全消失；翼上小覆羽、中覆羽白色；外侧次级飞羽端部1/3处为白色，形成翼上白斑；内侧次级飞羽沙褐色，小翼羽、初级飞羽黑褐，具褐白色狭缘；下体白色，喉部具一黑斑，其羽端杂有白色，呈斑纹状。

 动物·小·知识

在繁殖期间，雄性白斑翅雪雀会进行像百灵鸟一样精巧的炫耀飞行和在地上作求偶跳舞表演，同时还发出一种像击鼓似的歌唱声。

白斑翅雪雀栖于海拔很高的冰川及融雪间的多岩山坡。繁殖期外结成大群，与其他雪雀及岭雀混群，不惧生；繁殖期成对活动，冬季多结小群，小群常由十几个到二十几个个体组成。飞行速度很快但飞不高，距离也不长。食物多为草籽、植物碎片，但在繁殖季节多为昆虫。在繁殖期一般为1雄1雌，筑巢于石缝深处，悬崖边及其他动物筑成的洞穴内。卵的长径2.1 ~ 2.7厘米，短径1.5 ~ 1.8厘米。孵化期13 ~ 14天。

南极主人——企鹅

　　在南极洲一望无际的冰原上，居住着庞大的企鹅族群，它们占南极地区海鸟数量的85％。企鹅是这块冰天雪地名副其实的主人。

　　企鹅的外貌极具个性，背黑腹白，像身着款款燕尾服的绅士。流线型身躯，略显肥胖；羽毛短小重叠，密接呈鳞状，与厚厚的皮下脂肪一起，防冻防水；翅膀成鳍状肢，适宜游泳；趾间有蹼，脚掌短平，到了水下，脚和尾巴一起调整方向。在南极生活的万年岁月中练就了企鹅不怕冻的能耐，也塑造了它们慢条斯理的个性。然而一旦到了水下，企鹅就会变身矫捷的游泳高手。以帝企鹅为例，它们可潜至500米深处，屏气12分钟，自由游弋，穿梭如飞。

从古至今，庞大的企鹅族群不停地繁衍进化。迄今为止，已知的企鹅就有18种。其中，帝企鹅、阿德利企鹅、金图企鹅等7种分布在南极大陆上，其余10多种分布在南半球各大洲的南部海岸和沿海岛屿上。各个种类的区别主要在于个体大小和头部的色型。

动物·小知识

企鹅是一群不会飞的鸟类。虽然现在的企鹅不能飞，但根据化石显示的资料表明最早的企鹅是能够飞的。直到65万年前，它们的翅膀慢慢演化成能够下水游泳的鳍肢，成为目前我们所看到的企鹅。

通常企鹅被当做南极的象征，但并不是南极的"专利"。现存的企鹅全部分布在南半球，最多种类分布在南温带，算是南极大陆的"土著"。企鹅也会跟随寒流向北漂泊。南非南部的沿海岛屿、澳大利亚的东南海岸和新西兰的西海岸，甚至赤道附近厄瓜多尔的加拉帕戈斯群岛上，都有企鹅的踪迹。

自20世纪80年代起，企鹅就是挪威国王卫队的荣誉成员和吉祥物。2008年8月15日，一只居住在苏格兰爱丁堡动物园的王企鹅"尼尔斯·奥拉夫"获得挪威王室册封，成为挪威历史上第一位长有翅膀的爵士。被册封的爵士身高1米左右，是第三只以"尼尔斯·奥拉夫"之名担任挪威国王卫队吉祥物的企鹅。它在册封当天还"检阅"了前来看望它的挪威国王卫队士兵。

据英国《每日邮报》2011年1月26日报道，摄影师考克斯在南极Riiser Larsen冰架捕捉到了一个异常罕见而又格外震撼人心的场面。照片中成群的帝企鹅俯卧在冰面上，看起来异常痛苦，似乎在为它们死去的幼仔集体哀悼，让人不忍心观看。

考克斯称，虽然目前还很难确定企鹅幼仔成批死亡的原因，但气候变化或食物短缺可能是导致这一悲剧的原因。

企鹅君主——帝企鹅

帝企鹅繁殖时面临的是鸟类所可能遭遇到的最寒冷恶劣的气候条件：一望无际的冰封的南极海冰，平均气温为–20℃，平均风速为25千米/小时，有时甚至可达75千米/小时。每年南半球的秋季（3～4月），帝企鹅便会在南极大陆沿海那些坚固可靠的海冰上形成繁殖群居地，为此，它们可能需要在冰上行走100千米以上才能到达繁殖点。求偶期过后，雌鸟会在5月产下1枚很大的卵，然后由雄鸟在接下来的64天里孵化，而这段时间雌鸟则回到海里。雏鸟孵化后，由双亲共同抚养，为期150天，从冬末至春季。这样，雏鸟在海冰

再次出现之前的夏季便可以独立生活。

这样的繁殖安排很容易让人产生两方面的疑问：其一，帝企鹅为何要选在一年中最恶劣的季节里抚育后代？其二，帝企鹅是如何在严冬中生存的？

第一个问题的答案似乎是：倘若帝企鹅在南极的夏季（仅有4个月）进行繁殖，那么当冬季来临时，它们漫长的繁殖周期还没来得及结束。而且若那样的话，雏鸟在换羽时体重只长到成鸟的60%，这个比例对任何换羽的企鹅而言，无疑都是最低的，因此幼鸟的死亡率就会很高。当然，成鸟是每年都可以繁殖的。

动物·小·知识

帝企鹅的求偶方式非常特殊，雄企鹅摇摇摆摆地步行并发出叫声，以此吸引雌企鹅的注意。初冬时节，雄企鹅逐渐长胖。它们的生物时钟已到了求爱时期，数天后就可以开始交配。

帝企鹅在恶劣条件下的生存之道，则表现为生理上和行为上的高度适应性，从根本上而言，这都是为了将热量散失和能量消耗降到最低限度。帝企鹅的体形使它们的表面积与体积之比相对较低，同时它们的鳍状肢和喙与身体的比例要比其他所有的企鹅种类低25%。它们的"血管热交换系统"极度发达，其分布的广泛程度为其他企鹅的2倍。血液流往足部和鳍状肢的血管与血液流回内脏的静脉紧紧相邻，这样，回流的血液便可以被保温，而往外流的血液则被冷却，从而将热量的散失降至最低。帝企鹅还在鼻孔中回收热量，即在吸入的冷空气和呼出的热空气之间进行热量交换，从而可以将呼出的热量保留约80%。此外，它们身上长有多层高密度的长羽毛，能够完全盖住它们的腿部，为它们提供了一流的保温设施。

由于冬季冰川一望无垠，海面就变得很遥远，因此觅食非常困难。于是，帝企鹅待在巢内的新陈代谢速度就减缓，漫长的禁食期也由此开始——雄企鹅可达115天，雌企鹅为64天。帝企鹅庞大的体型令它们可以贮存充足的后备脂肪，来应对这段食物短缺期。

此外，帝企鹅最重要的适应性表现为"集群"。它们尽可能地不活动，一大群一大群地聚在一起，多的可达5000只，密度达到每平方米10只。如此一来，无论是成鸟抑或雏鸟，个体的热量散失都可以减少25%～50%。集群作为一个整体会缓慢地沿顺风方向移动，而其内部也存在着有规律的移动：位于迎风面的帝企鹅沿着集群的侧面前移，然后成为集群的中心，直至再次位于队伍的后面。这样就没有个体一直处于集群的边缘。这种流动方式对帝企鹅来说之所以可行，完全是因为它们具有足部带卵移动的能力，在脚上的卵(以及随后的雏鸟)由袋状的腹部皮肤褶皱层所遮盖和保暖。帝企鹅适于群居的另一个重要特征表现为，它们几乎不会做出任何具有攻击性的行为。

国王企鹅——王企鹅

王企鹅和帝企鹅是同属、异种，仅在南极洲的浮冰区域内才能发现王企鹅。王企鹅的外形与帝企鹅相似，不过身材比帝企鹅显得"娇小"些。它的体长约为90厘米，体重约为14～18千克。王企鹅的嘴巴又细又长，脖子下有着鲜艳的红色羽毛，向下和向后延伸的面积较大。

王企鹅是游泳健将，每小时可游8～10千米，像海豚一样，每隔几米，王企鹅就要浮出水面来呼吸。同时，王企鹅也是了不起的潜水员，它们能潜到510米深的水下，并能在水底坚持18分钟。企鹅在陆地上行走是用像蛙鞋的双脚笨拙地蹒跚而行。而王企鹅则是用自己的肚子作"平底雪橇"般的滑行，并且用自己的鳍状肢及腿来推进。

 动物小知识

王企鹅的嘴巴细长，长相非常的"绅士"，是南极企鹅中姿势最优雅、性情最温顺、外貌最漂亮的一种。

王企鹅的嗅觉并不发达，视力也不好。它们在陆地上可能是近视的，但在水里面的时候视力会相对好一些。企鹅之所以能待在极寒冷的气候里，是因为它们有着浑厚重叠的油性皮毛形成防水外皮，可以提供极佳的御寒功能。为了生存，企鹅十分注重保养这身皮毛，王企鹅会在水中扭动及翻转，用鳍状肢摩擦自己的身体，给皮毛进行几分钟的梳洗。企鹅在感觉到热的时候会举起它的鳍状肢，让身体的两面暴露在空气中散热。

王企鹅是集体繁殖、有领域性的动物，每对王企鹅的领域范围约为1平方米。王企鹅的产卵期是从11月开始，在相对温暖的夏天孵化。王企鹅不筑巢，它们在位置较低的荒野地上繁殖，每次产卵1枚，由雌雄轮流孵蛋52～56天。准备当父母的王企鹅不吃不喝的来孵化卵，将腹部底下挺出，像是温暖的孵卵箱一样。刚生下来的小企鹅几乎全裸，第一次的绒羽浅灰或褐色，第二次则转为暗褐色，脖子很细，具有很大的翅膀，看起来好像小鸟的翅膀一样。这时，母亲将已经消化的东西吐出来喂小企鹅。小企鹅在父母身边约40天大就加入幼鸟群，10～13个月羽翼丰满。小企鹅会被照顾约1年的时间，5～7岁达到性成熟。企鹅很长寿，据说可以活20～30岁。

模范丈夫——阿德利企鹅

　　阿德利企鹅是企鹅品种中数量最多的一个，属中、小型种类，高50～70厘米，体重5～6千克。分布在南极大陆、南极半岛以及南设得兰群岛、南乔治亚岛等若干座岛屿，是南极分布最广、数量最多的企鹅。阿德利企鹅的名称来源于南极大陆的阿德利地，此地是1840年法国探险家迪·迪尔维尔以其妻子的名字命名的。

　　阿德利企鹅羽毛由黑、白两色组成，它们的头部、背部、尾部、翼背面、下颌为黑色，其余部分则为白色。眼周也为白色，嘴为黑色，嘴角有细长羽毛，腿短，足为铬黄色。阿德利企鹅和许多种类企鹅一样，雌鸟和雄鸟同形

同色，从外形上难以辨认。

阿德利企鹅体呈纺锤形，翼和足是重要的游泳器官，它能像鱼一样在水中穿梭，游泳速度可达24千米/小时，游泳时经常跃出水面。阿德利企鹅登陆有时很艰难，需要借海浪的冲击跳上岩石或冰岸上。

阿德利企鹅整个冬季都在冰上生活，以捕食鳞虾、乌贼和海洋鱼类等为生并躲避食肉动物。有时候为了逃脱海豹和逆戟鲸的追杀，它可以垂直往上跃出水面2米高，到达厚冰上的安全地带。

动物小·知识

　　　　阿德利企鹅在交配后产下2枚蛋，经过4周的孵化之后小企鹅就出来了。小企鹅2个月大即可下水游泳。在喂食时小企鹅常会追着自己的父母跑，而轻易放弃追逐者往往得不到食物。

当春季来临时，成群结队的阿德利企鹅便摇摇摆摆地越过积冰到达海岸附近的陆地上筑巢繁殖，群体可达几十只到上百只。此时，冰雪开始消融，传统繁殖地与海边的路程大大缩短，并且在繁殖期中，它们可以及时从大海中获得食物。

在繁殖期，它们形成"一夫一妻"的配偶关系，雄鸟负责争取巢位的工作，并维护营巢领域。阿德利企鹅的巢很简陋，是由雄鸟收集石子堆砌筑成的。它用小的鹅卵石筑巢——在那里实在也没有其他什么材料可用——而它的行为却是探险家所喜爱的一个特色，便是它使用卵石求爱的动作。雄企鹅会庄重地向雌企鹅奉献一块卵石，而这通常是它从别的企鹅巢偷来的。这些举动有滑稽可笑的一面，但是偷卵石这件事对于企鹅的育婴工作来说，确是一件性命攸关的事情。因为一定要有合适的企鹅巢供孵卵的企鹅站立，才可使它所孵的娇嫩的蛋保持在地面雪水之上。

阿德利企鹅每次产卵2枚，雌雄鸟交替孵卵，孵化期42天左右。在孵蛋的几周时间里，不论天气多么坏，它们都会屹立在巢上。有时，整个企鹅群会为暴风雪所湮没，但孵蛋的企鹅决不会离开它的巢窝，它们很镇定地站在雪堆中不肯抛弃所孵的蛋，所以常常会被埋在雪中。在整个孵蛋期间，担任守卫的父母——有时是雄企鹅，有时是雌企鹅——是不吃东西的，只靠它体内的脂肪生活，直至它能返回海中捕食鱼类补充营养为止。

阿德利企鹅的雏鸟属半晚成鸟，亲鸟从海洋中捕食食物贮存在消化道中，育雏时，将半消化的食物从消化道中呕出，以口对口的方式进行哺喂。雏鸟发育到一个月时可以成群进入海中捕食。

绅士企鹅——巴布亚企鹅

巴布亚企鹅又叫金图企鹅、白眉企鹅，分布于哥伦比亚、委内瑞拉、圭亚那、苏里南、厄瓜多尔、秘鲁、玻利维亚、巴拉圭、巴西、智利、阿根廷、乌拉圭以及福克兰群岛、南极大陆、南极半岛和南设得兰群岛、南乔治亚岛等若干座岛屿。

巴布亚企鹅身高56～66厘米，体重约5.5千克，有南方种和北方种之分，其身高、体重和形态略有差异。巴布亚企鹅嘴细长，嘴角呈红色，眼角处有一个红色的三角形，显得眉清目秀，潇洒风流。

动物小知识

在水中，海狮、海豹和杀人鲸均是巴布亚企鹅的天敌。在陆上，成年的巴布亚企鹅并不会受到威胁，但鸟类却会偷它们的蛋和捕食幼企鹅。

巴布亚企鹅通常在近海较浅处觅食，它主要以鱼和南极磷虾为食，其中，南极磷虾是它的首选食物。巴布亚企鹅十分擅长深海捕鱼，因此又有"企鹅中的战斗机"之称。巴布亚企鹅有时能够潜入海中100米深处，不过它潜水的时间并不长，通常仅持续0.5～1.5分钟，很少有超过2分钟，而且有85%的巴布亚企鹅潜水不足20米。

雌性巴布亚企鹅的繁殖期在南极的冬季以石子或草筑巢，视地区而不同。雌企鹅每次产2个蛋，雌、雄企鹅轮流孵蛋，先雄后雌，每隔1～3天换班一

次。因此在繁殖期的大部分时间内，它们都不必进行长时间的禁食。另外，在繁殖期，巴布亚企鹅只在群居地方圆10 ～ 20千米的范围内活动。巴布亚企鹅孵蛋期较长，达7~8个月，雏企鹅发育较慢，3个月后才能下水。

警官企鹅——帽带企鹅

　　帽带企鹅和阿德利企鹅的外形十分相似。不过，帽带企鹅的脖子底下有一道像海军军官的帽带一样的黑色条纹，所以帽带企鹅又被称为"警官企鹅"。帽带企鹅一般在南极半岛北端西岸的南雪特兰群岛及亚南极岛屿分布。

　　帽带企鹅的体长约为43～53厘米，体重4千克。躯体呈流线型，背部的羽毛呈黑色，腹部的羽毛呈白色。帽带企鹅的翅膀已经退化成鳍形，羽毛则为呈披针型排列的细管状结构。帽带企鹅的脚瘦腿短，趾间有蹼，尾巴十分短小，整个躯体显得又肥又胖，一副大腹便便的样子，行走蹒跚，看上去十分可爱。

动物小·知识

　　南极半岛北端西岸的南雪特兰群岛及亚南极岛屿、南桑威奇群岛是南极企鹅的主要聚集地。大约有200万只的帽带企鹅在此繁衍生息，这样庞大的数量，几乎占去了所有南极帽带企鹅总数的1/3。

　　帽带企鹅的生殖季节在冬季。雌企鹅每次产2枚蛋，孵蛋由雌雄双方轮流承担，先雌后雄，雌企鹅先孵10天，以后每隔2~3天，雌雄企鹅轮流换班。与其他企鹅优先哺育较强壮的幼仔不同，帽带企鹅同等对待它的幼仔。幼企鹅的羽毛在7～8星期后即长丰满，其捕食活动主要在其聚集地附近的海域。尽管帽带企鹅在海上白天和晚上，都可以觅食，但它们潜入海中捕食主要集中在午夜和中午。

火爆浪子——玛克罗尼企鹅

　　玛克罗尼企鹅头顶上长有一撮撮像意大利面似的金色羽毛。18世纪被英国探险家发现的时候，因为它头顶上那束金色羽毛和当时英国国内那些生活奢侈、打扮时髦的花花公子的发型十分相似，因而被称为"Macaroni"。1837年，德国自然科学家约翰·弗里德里希·冯·勃兰特将它命名为"chrysolophus"，取自古希腊语，意思是"金色头冠"。

　　玛克罗尼企鹅目前在全世界大约有2400万只，是企鹅科中数量最多的属种。它们的体型不大，身高大约70厘米，体重可达4千克。腹部、胸部和尾部都成白色，头部和脸颊呈黑色或深灰色，背部呈蓝黑色。雄性的体型明显大于雌性，但雄性翅膀较雌性要小，头顶部有黄色和黑色的较长羽毛，眼睛为红色。

动物小·知识

　　马可罗尼企鹅一般选在陡峭的山地做窝，经常要从海边穿过碎石行进数百米才能到达自己的巢穴，所选之地通常没有鸟类或鸟类很少。它们跳过陡峭的岩石，而不是像其他种类的企鹅一样笨拙地摇摆着越过障碍物。

　　由于它们独特的造型，再加上非常躁动不安的性情，充满了野性，因此有人称之为"火爆浪子"。它们会经常迅速地攻击对它们有威胁的任何人和物，玛克罗尼企鹅不像其他企鹅那样左摇右晃地在冰面上行走，它们是双脚往前跳着走，一步可以跳大约30厘米高。这主要是由于它们会在布满岩石的小岛上交配、繁殖，蹦跳着行走便于越过岩石，它们是企鹅中的攀越能手。

玛克罗尼企鹅主要以南极磷虾为食，有时也捕食鱿鱼和小鱼，像其他企鹅一样，它们也拥有很强的潜水本领。玛克罗尼企鹅在夏季繁殖，聚集在亚南极的各个海岛上，由于数量众多，每个繁殖地大约都会容纳10万只以上的企鹅，所以它们繁殖地显得异常拥挤、嘈杂，而且气味怪异。

第三章

极地的哺乳动物

　　接近南北极的地方。这里天气寒冷、下雪，冬天的"夜晚"足足有 3 个月，整个大地完全是漆黑的。温度降至冰点之下，而北极光就像是黑暗天空里飘逸的屏幕。这些远古环境的遗迹还可以在今天的阿拉斯加、南极、新西兰和澳洲等地发现，其岩石及化石让古生物学家及地质学家重新建构这个古老的"失落世界"的真面目。哺乳动物和恐龙生活在同一个时期。当恐龙是优势动物时，哺乳动物却相当的小，而且可能是夜间活动的。直到恐龙灭绝后，哺乳动物便占领了全世界。

冰原主宰——麝牛

麝牛浑身都披着长毛，长毛底下又生有一层厚厚的绒毛。在冬天的时候，麝牛身上的长毛会长得更加厚实，就像穿上一件大氅，使寒风吹不到它的皮肤上，而且小麝牛还能躲在下面取暖，当真是一举两得。

在寒冷的冬季，温暖的气流有时也会光顾北极，带来一场大雨。由于麝牛的毛发太长，被淋湿的麝牛经寒风一吹，就会变成了一个大冰砣子，动弹不得，甚至被活活冻死。

夏天，当冰雪融化的时候，麝牛就能吃到美味的青草和芦苇，然而北极的夏天非常短暂，麝牛必须不断地进食以贮存脂肪，这样才能在严酷的冬季

里存活下来。

每年的7月中旬是麝牛的婚恋期。当麝牛妈妈怀胎9个月以后，一般会在翌年的4月份开始生产，它们1胎只产1仔，出生后的小麝牛要在妈妈身边生活1年才能独立。

麝牛是群居动物，一个牛群通常有30~100头成员。每当麝牛队伍前进时，会有一头精明强干的雄麝牛在前面开路，在牛群里，幼麝牛和雌麝牛一般位于队伍中间，身强力壮的雄牛则在四周担任警戒和保护的重任。

动物·小·知识

当一群麝牛感觉到威胁时，它们会围成一圈面对敌人，将小牛藏在中间。如果敌人是一头在牛群四周转来转去的狼，牛群会跟着狼的移动不停旋转，始终保持正对着狼的是最强壮的牛。

当牛群繁殖期到来之前，雄牛会为争夺群体的领导权而进行"比武"，在这个过程中，它们脸部的腺体中会释放出更浓的麝香味。它们展开激烈的战斗，直到一方让步为止。

在冻土带，冬季的气温可能会降至-70℃，风暴也会持续几天不停。在最恶劣的天气里，麝牛会成群地挤在一起，一群可达100只。年幼的麝牛被围在中间，成年的牛则背对着风，直到风暴过去。

麝牛的毛皮极好，曾被大量猎杀，有濒临灭绝的危险，美国和加拿大政府不得不用法律来禁止捕捉麝牛。经过人类的努力保护，现在麝牛的种群数量已有所恢复。

北极霸主——北极熊

　　加拿大马尼托巴省的丘吉尔镇被誉为"北极熊之都"，它处于北极熊去往哈得孙湾的必经之路上，每年都要接受众多北极熊的造访。

　　北极是地球上年平均气温最低的地区，有时可达到-80℃，一般的哺乳动物在这样的低温下是无法生存的。然而，在这里生活的北极熊却显得毫不在意。

　　北极熊是世界上最大的陆地食肉动物。它们因生活在北极，长了一身与冰雪一样颜色的毛而得名。不过，只要稍微细心一点你就会发现，北极熊的毛其实是稍带淡黄色的，并非我们肉眼看上去的白色。北极熊的毛非常特别，每一根毛都是一根透明中空的小管子，在漫天冰雪的掩映下，呈现出纯白的

保护色；而有太阳的时候，这些小管子会在太阳的照射下变成淡淡的金黄色，非常美丽。北极熊的毛对它来说非常重要，这样中空的毛有利于吸收太阳光中的紫外线，同时不让红外线透进来。也许有人会问，没有红外线，那太阳光带来的热量怎么能被吸收呢？不必担心，在寒冷的北极，阳光带来的热量远不足以御寒，北极熊的热量来自体内，这样的毛可以最大限度的降低身体热量的流失。

北极熊的毛虽然是白色或淡黄色的，但在这些白色的毛下，居然藏了一身黑色的皮肤。这点人们可以从它们的鼻头、爪垫、嘴唇以及眼睛四周的黑皮肤上看出一二。黑色的皮肤有助于吸收热量，这是保暖的另一个好方法。

动物·小知识

北极熊的前爪十分宽大，在游泳的时候宛如双桨，并掌握着前进的方向。而4只爪垫上都长有粗硬的毛发，不仅有助于保暖，还可方便它们在冰面上行走。

北极熊身上还有一层厚厚的脂肪，这也是它过冬的必备之物。除了保暖功能显著以外，在食物匮乏的情况下，它便将体内脂肪转化成水分和热量，以此维持生命。而它的耳朵也非常小，这些都是为了保存更多热量。北极熊可以在寒冷的冰水里待上几分钟，其抗寒能力可见一斑。北极熊靠的就是这些条件而不怕严寒的。

虽然北极熊看上去笨笨的，一副可爱模样，但它们却是极地的王者，除了虎鲸，它就可称霸北极了。北极熊最爱吃海豹，看见海豹之后，它会捂住自己黑黝黝的鼻头，这样就与周围的白色世界融为一体，然后慢慢靠近，最后突然出现在海豹面前。当海豹数量有限时，它会把海豹吃得干干净净，连地面的血液也不留下。

北极熊的嗅觉非常灵敏，据说其灵敏度是狗的7倍，3千米以外燃烧动物脂肪发出的美味，它都可以闻到。一般来说，北极熊在每年的3～5月非常活跃，为了觅食辗转奔波于浮冰区，过着水陆两栖的生活。这时候的北极熊往往毛色发亮，性情活泼。但到了严冬时节，北极熊的外出活动将大大减少，毛发便渐渐失去了以往的光泽，性情也萎靡起来。它们寻找避风的地方卧地而睡，呼吸频率渐渐降低，身体开始进入似醒非醒的局部冬眠状态。这种状态可以有效保持体力，同时在遇到紧急情况时，又可立即惊醒，应对变故，非常适合其残酷的生存状态。

北极熊虽是"北极之王"，但它们的生存面临极大的考验。随着气候变暖，北极地区冬季封冻面积也越来越小，使得北极熊猎食的平台越来越少。而冰期的缩短也使得它们不得不提前回到岸上，这样体内积累的脂肪也越来越少，对于视脂肪如生命的北极熊来说，这些情况是极为不利的。

死亡迁移——北极旅鼠

　　自杀是人类的一种高级行为，在自然界中动物也会自杀。而最令人奇怪的莫过于旅鼠这种动物了，它们竟会成千上万地集体投海自杀。是什么力量或因素驱使这些生命力旺盛的家伙甘心离弃这个世界？这真让人百思不得其解。

　　旅鼠的栖息地在北欧斯堪的纳维亚半岛的挪威和瑞典一带。它们个头很小，最大的身长也不过15厘米。它们平时居住在高山深处，主要以树根、草茎、苔藓为食。就像自己的名字一样，每当遇到食物极度缺乏的灾年，它们就会几十万只，甚至几百万只地大规模迁移，数量之大让人吃惊。更令人无法理解的是，为什么它们偏偏要拼命地奔向大海，走向死亡呢？

　　文献中最早出现关于旅鼠自杀的记载是在1868年。那是一个阳光灿烂、晴空万里的春日，一艘满载旅客的轮船正航行在碧波荡漾的海面上。突然，船上的人们发现有一大批旅鼠在海中游泳。它们一群接一群地从海岸边一直游向挪威海的深处。大片大片的旅鼠在汹涌的波涛中蠕动，游在前面的当游到精疲力竭时便溺死在大海里。跟随其后的旅鼠却像什么也没发生一样，继续前进，直到溺死为止。最后，数以万计的旅鼠的尸体漂浮在海面上，让人望而生畏。

　　发生在1985年春天的旅鼠自杀现象，其记述更为详细。旅鼠成群结队、浩浩荡荡地挺进挪威山区，所到之处，庄稼被吃得一塌糊涂，草木被洗劫一空，甚至连牲畜也被它们咬伤。一时之间，当地的人们为鼠灾烦忧不已，经济上也蒙受了巨大的损失。但是，在四月份的时候，旅鼠大军像突然收到什么命令似的，以每天50千米的速度前进，直奔挪威西北海岸。当它们在行程中遇上了悬崖峭壁，许多旅鼠便会自动抱成了一团，形成一个个大肉球，勇敢地向下滚去。而当它们受到河流阻挡时，走在前面的旅鼠便毫不犹豫地跳入水中，为后来者用身体架起一座"鼠桥"。这样，许多旅鼠死在路途上，但活着的又会继续前行。它们遇水涉水，逢山过山，不理会任何自然因素的干扰，勇往直前，几乎是沿着一条笔直的路线奔向大海的。来到海边后，它们一群接一群地纷纷跳下大海，并且奋力往前游去，直到像前文所述的那样，力竭溺水而死。

 动物小·知识

爱斯基摩人把旅鼠称为来自天空的动物，而斯堪的纳维亚的农民则直接称之为"天鼠"。这是因为，在特定的年头，旅鼠的数量会大增，就像是天兵天将突然而至似的。

旅鼠为什么要集体"自杀"呢？至今人类还没找到正确的解释。有人认为是生存的压力导致数量庞大的旅鼠不得不进行种类竞争，在得不到充裕的食物和生存空间的情况下，它们必须另找生路。但是它们为什么非得自杀呢？而且生活在其他地方的旅鼠却不会有这样的举动。北欧地区的旅鼠有何特别之处呢？一些生物学家因此又做出了进一步的解释，他们指出：在若干万年前，挪威海和北海都比现今窄得多，因此旅鼠很容易便能游过大海，从此在旅鼠的遗传本能中就形成了这种横渡海洋的迁徙习性。可是如今的挪威海和北海比过去宽得多，然而旅鼠的遗传本能却像从前一样，它们照样迁移，当然会淹死在海中。可这一解释有一个很大的漏洞，那就是旅鼠一般以北寒带所拥有的植物为食，按理说，即使它的密度达到每公顷250只，也不会出现食物危机。再说旅鼠在迁移过程中，也从不停留在食物丰富、地域宽广的地带，似乎它们是为了比优越的生存条件更为重要的目的而前进。所以旅鼠向外迁徙，以至于集体自杀的原因并不能归结于缺少足够的食物和生存空间。

经过一系列研究，苏联科学家对此又提出了新的想法，企图解开这一谜团。他们认为，在1万年以前，北冰洋的洋面在地球寒冷的冰期中冻结了，风和飞鸟分别把大量的沙土和植物的种子带到这个巨大的冰盖上。正因为如此，一到夏季，原来的汪洋大海就成了水草丰盛之地，旅鼠在此生存不成问题。只是由于冰期过后，全球温度升高，北冰洋又恢复了原来的面貌。而如今旅鼠就是为了去寻找那块水草丰盛的地方才要向北方迁徙，并且最后跳入巴伦支海的。这一解释虽然听起来很有道理，但是也找不到充足的证据，只能说是差强人意。

还有人提出，旅鼠种群数量的急剧增加使种群生存压力也随之增加，因此旅鼠的肾上腺增大，它们的神经变得高度紧张，整个种群都开始焦躁不安。与此同时，它们又有非常强烈的运动欲望，所以借助分散和迁移进行运动。其中还有一部分旅鼠想要跑到食物稀少的边远地区，这样因为生存条件恶劣就会迫使繁殖能力下降，以稳定种群数量。旅鼠还擅长游泳，因此它们更萌生了横渡江河湖泊甚至横渡大海的想法，可是最后还是因为体力不支而被淹死。

当然，这种说法也有明显的漏洞。一些科学家指出，通常情况下，群体密度高的后果，要到下一代才会受到影响，而上一代旅鼠是不会觉察得到的。

　　除此之外，有些科学家在旅鼠的生命周期上做了一番研究。他们发现，当旅鼠在其数量急剧增加的时候，体内的化学成分和内分泌系统会发生一系列变化。有人认为，这些变化可能正是生物体内控制其种群数量的"开关"。当其数量多到一定程度时，就会促使该种群大量的"集体自杀"。但科学家还无法确定旅鼠的这种行为到底是"集体自杀"，还是因为在迁移过程中"误入歧途"坠海而死，也许将来会有人解开生物界中这一大难解之谜。

　　就目前已取得的成果表明，不论旅鼠真的是"集体自杀"还是在迁移过程中"不小心"坠海而死。能够肯定的是，旅鼠的这一行为既有自身生理上、行为上和遗传上的因素，又有外部环境条件的影响。看来，人类要想最终破解这个谜，还需要一段漫长的历程。

雪地精灵——北极银狐

北极银狐也叫北极白狐，因为聪明伶俐、神出鬼没而被人们誉为雪地精灵。科研人员深入北极地区，对这种充满灵性的动物展开深入研究，发现北极银狐能进行长距离迁徙，而且有很强的导航本领。

北极银狐体长50～60厘米，尾长20～25厘米，体重2.5～4千克。体型较小而肥胖，嘴短，耳短小，略呈圆形，腿短。冬季全身体毛为白色，仅鼻尖为黑色。夏季体毛为灰黑色，腹面颜色较浅。有很密的绒毛和较少的针毛，尾长，尾毛特别蓬松，尾端则为白色。

北极银狐能在-50℃的冰原上生活，它们的脚底上长着长毛，所以可在冰地上行走，不打滑。北极银狐在野外分布于俄罗斯极北部、格陵兰、挪威、芬兰、丹麦、冰岛、美国阿拉斯加和加拿大极北部等地，一般结群活动，在岸边向阳的山坡下掘穴居住。北极银狐每年一胎，每胎产6～8仔，寿命为8～10年。

科学家报告称，北极银狐平均一天能行进90千米，可连续行进数天。能够在数月时间内从太平洋沿岸迁徙到大西洋沿岸，行程同加拿大的东西距离接近。该项研究还发现，北极银狐能够导航行进数百千米。它们会在冬季离开巢穴，迁徙到600千米外的地方，在第二年夏天再返回家园。

北极银狐之所以能在北极这种严酷的自然环境下生存下来，完全得益于它们那身浓密的毛皮。北极银狐每年换毛两次。在冬季北极银狐披上雪白的皮毛，而到了夏季皮毛的颜色又和冻土相差无几。冰岛和格陵兰甚至有蓝色北极银狐变种。在冬季，北极银狐的皮毛甚至比北极熊的皮毛还保暖。经过人工饲养可见到大量的毛色突变品种，如影狐、北极珍珠狐、北极蓝宝石狐、北极白金狐和白色北极银狐等，统称为彩色北极狐。在国际毛皮市场上是畅销的高档商品，因为北极银狐个大，体长，毛绒色好，特别是浅蓝色北极银狐，被视为珍品。北极银狐狐种价格要比其他狐种价格高出30%～50%。

 动物小知识

当北极银狐闻到在窝里的旅鼠气味和听到旅鼠的尖叫声时，它会迅速地挖掘位于雪下面的旅鼠窝。等到扒得差不多时，北极银狐会突然高高跳起，借着跃起的力量，用腿将雪做的鼠窝压塌，将一窝旅鼠一网打尽，逐个吃掉它们。

北极银狐的发情期一般是在3月份。雌北极银狐在发情时，会将头向上扬起，坐着鸣叫，以呼唤雄北极银狐。雄北极银狐在发情时，也是鸣叫，只是雄北极银狐会比雌北极银狐叫得更频繁、更性急些。北极银狐每窝通常生仔

8～10个，最高纪录是16个，一般只要51～52天，一窝小北极银狐便诞生了。刚出生的幼狐尚不能睁开眼睛，这时母狐会细心照料自己的宝宝，给它们喂奶。16～18天后，小北极银狐便开始睁眼看世界了。经过两个月的哺乳期后，小北极银狐已经可以吃母狐从野外捕来旅鼠、田鼠等猎物。约10个月的时间，北极银狐便开始达到性成熟，随后开始成家立业，过另一种新的生活。

在一群北极银狐中，是有着严格的等级之分的，尤其是雌北极银狐之间，它们当中的一个能支配控制其他的雌狐。此外，北极银狐还有着一定的领域性，同一群中的成员分享同一块领地，即使这些领地和临近的群体相接，也很少重叠。

北极银狐最主要的食物是旅鼠，此外，它的食物还包括鱼、鸟类与鸟蛋、浆果和北极兔等，有时也会漫游海岸捕捉贝类。因此，北极银狐的数量与旅鼠数量的变化有一定联系，通常情况下，旅鼠大量死亡的低峰年，正是北极银狐数量高峰年。当遇到旅鼠时，北极银狐会极其准确地跳起来，然后猛扑过去，将旅鼠按在地下，吞食掉。到了寒冷的秋冬季节，它们也能换换口味，到草丛中寻找一点浆果吃，以补充身体所必须的维生素。

为了生计，北极银狐有时候会开始远走它乡。这时候，狐群会莫名其妙地流行一种疾病"疯舞病"。得病的北极银狐会变得异常激动和兴奋，往往控制不住自己，到处乱闯乱撞，甚至胆敢进攻过路的狗和狼。得病的北极银狐大多数在第一年冬季就死掉了，尸体多达每平方千米2只，当地猎民往往从狐尸上取其毛皮。

昔日王者——猛犸象

　　作为一种统治了北半球几百万年的巨大的动物，猛犸象曾经遍布各个大陆。猛犸象源于非洲，更早时分布于欧洲、亚洲、北美洲的北部地区，可以适应草原、森林、冻原雪原等环境。有研究指出，猛犸象和大象拥有共同的祖先。这两个物种是在500万年前分化出来的。大象一直繁衍至今天，然而，猛犸象却灭绝了。

　　猛犸象是最负盛名的史前哺乳动物，夏季以草类和豆类为食，冬季以灌木、树皮为食，以群居为主。距今4000年前完全灭绝。其生存的时代为冰河世纪，它们在极地附近的冰原上觅食与生活。为抵御严寒，猛犸象的皮下脂肪和皮上浓密绒毛层皆厚达0.1米，绒毛层之外还披覆长毛层，毛色呈黑色或深棕色，因此也被称为"长毛象"。

在20万年前，地球上就出现了猛犸象，它曾经遍布北半球的北部地区。分布如此广阔的猛犸象为什么灭绝了呢？真让人不可思议。

在苏联西伯利亚北部的冻土层中，科学家们曾发现20多具皮肉尚未腐烂的猛犸象尸体。这些尸体在大自然的冰库里保存得相当完好。尸体肌肉的血管中充满血液，胃里还有青草、树枝等未消化的食物。经科学家考查证实，这些尸体已冰冻了10000多年。

几十年前，国际地质学会在苏联召开期间，许多国家的科学家还尝到了这已冻了10000多年的猛犸肉。据说味道虽不十分可口，却别有风味。

猛犸象的足迹遍布北半球的北部地区，我国北部也有发现。特别是北冰洋的新西伯利亚群岛，更是猛犸象的世界，人们在那儿发现许多猛犸象牙。

动物小·知识

在北半球被冰原覆盖40%时，猛犸象一直是洞穴壁画的主题，这似乎可以证明，人类的肆意捕杀很可能是造成10000年前猛犸象在全面解冻期完全灭绝的罪魁祸首之一。猛犸象种群的灭亡是第四纪冰川时代结束的标志。

猛犸象究竟是因为什么原因灭绝的呢？人们对此众说纷纭。

1.气候说。持这种观点的人认为气候变化是导致猛犸象灭绝的最重要因素。冰川时期结束后，气温开始上升，随之而来的干旱让极地的生态环境发生了巨大变化，像猛犸象这种体型庞大的动物适应不了环境的变化而逐渐灭绝。在美洲发现的猛犸象遗骨表明，猛犸象数量下降的时候，正是冰川期结束和地球开始变暖的时期。由于气温的上升，美国西南部的草地逐渐转变成长着稀疏灌木和仙人掌的沙漠，从而导致了猛犸象的灭绝。

2.环境说。持这种观点的人认为由于猛犸象居无定所，当迁到一个新地方后，对新环境不适应，而导致猛犸象大批死亡，最终走向灭绝之路。

3.人类猎食说。持这种观点的人认为猛犸象的灭绝与人类有关。北美古印第安人对猛犸象的大肆捕杀，才是它们灭绝的直接原因。在猛犸象骨骼上发现有刀痕，用电子扫描显微镜分析证明，这刀痕是石制或骨制刀具砍杀所致，而不是猛犸象间互相争斗的结果，更不是挖掘过程中造成的外损。古印第安人会捕杀猛犸象，除食其肉，用其皮外，还用其骨，因为猛犸象的骨骼有类似玻璃的光泽，也许能把它作为镜子用。考古学家也发现史前人类对猛犸象的杀戮遗迹，例如，有一些留有刀伤的猛犸象牙，以及猎捕猛犸象的工具，证实人类会组成群，以陷阱或火烧等方式去捕捉猛犸象。

4.食物匮乏说。持这种观点的人认为由于环境的改变致使猛犸象喜欢吃的食物在其生存的地区大量消失，最终导致其走向灭绝之路。

5.繁衍过慢说。持这种观点的人认为猛犸象的繁衍很慢，从而致使族群数量日益稀少。一头母猛犸象的妊娠期长达2年左右，而且通常一胎只生一头小猛犸象。幼象要长成到具有生殖能力的成年象，至少又要再等10年。因此，猛犸象族群数量日益稀少，最终导致了其灭绝。

目前，对大型动物灭绝的原因仍然众说纷纭。猛犸象灭绝的疑案，至今都在讨论，相信不久的将来，科学会给我们一个答案，让猛犸象灭绝的真相大白于天下。

雪路先锋——北方鹿

　　北方鹿属哺乳纲鹿科，为食草动物。动物学家把野鹿分成了许多亚种，但一般都归为两大类：森林带野鹿和冻土带野鹿。北方鹿主要是冻土带野鹿。此外，在习惯上，北方鹿还被分为两类，一类即野鹿，另一类则是经过人类驯养的鹿，称为驯鹿。

　　北方鹿体长2米有余，肩高约1.4米，体重200多千克。北方鹿与世界上其他任何鹿都不同，即雌、雄北方鹿都长角。北方鹿的角很长，而且多分叉，这种叉角每年要换一次，公鹿秋天脱角，怀孕的母鹿第二年春天才脱角。

　　冬季，北方鹿全身包括它的嘴和脸都披覆着浓密的毛，毛色很浅，近于白色。其细长的毛中充满空气，且细绒毛十分发达，细绒毛间也饱含空气，

既柔软又卷曲。就像盖了"双层皮袄",能够抵御寒风的袭击。此外,由于毛里充满空气,使北方鹿具有较好的浮力,所以,北方鹿能轻而易举地横渡宽广的江河。到了夏季,北方鹿的毛变短变稀,颜色也变为深褐色。

北方鹿的4只蹄子有非常大的作用。每只蹄子上都长有4个爪趾,而每个爪趾都有鞋一样的角状套,爪趾可直接着地,且角状套宽大,形状弯曲,像个小铲,冬天甚至扩展得更宽。除此之外,爪趾之间还生长着长长的、"刷子"似的硬毛,它们在行走时发挥着重要作用。在泥泞的沼泽地或松软的雪面上,北方鹿奔跑起来,都像走平地一样平稳,很少陷进泥潭或雪坑里,而且不会滑倒。这都是因为北方鹿的大脚分散了传给地面的压力,且"刷子"似的硬毛能够防止其滑倒。

 动物·小·知识

北方鹿的用处很多,价值很高。它们是北极地区冬季的重要交通工具,鹿拉的雪橇又快又平稳。现在,驯养鹿群已成为北极地区许多民族的主要职业。

北方鹿主要分布在北美大陆及欧亚大陆北部的苔原带、森林苔原带及北冰洋的岛屿上。这些地区气候寒冷。自然条件也很差,但是,北方鹿能够适应这种条件,顽强不屈地生存。北方鹿从不挑食,夏天,它们主要吃各种青草、树叶、浆果和磨菇等;冬天,北方鹿凭灵敏的嗅觉,坚硬的4蹄和强壮的4肢,能够刨开铁锹都难以对付的坚固的雪被,从而准确地从深约1米的雪下找到它们的主要食物——地衣和其他苔藓,而这种干涸的植物一般动物是不吃的。

北方鹿的英文名称叫"Caribou",是从印第安语"克萨里布"一词演变而来的。这个词的意思是"雪路开拓者",用这个词来描述北方鹿是非常贴切的。一方面,北方鹿具有在雪地中自如地奔跑和觅食的能力。另一方面,北方鹿还具有明显的季节迁移性,春天,由较南的森林苔原带向北进发,秋天又从北部苔原带向南迁移。北方鹿每次迁移的距离可达500 ~ 700千米，甚至达到1000千米以上，几乎可与候鸟媲美。北方鹿在迁徙的过程中，常常汇聚成巨大的鹿群，成千上万只鹿群跋山涉水，浩浩荡荡向一个目标前进，十分壮观。

北方鹿在迁徙过程中的另一壮景便是横渡大河。有时，它们一连数日络绎不绝地横渡大河，常常使轮船几天无法通行。从远处看去，密密的鹿角就像无边无际的活动森林。虽然鹿是游泳能手，但大江大河的阻隔，有时也成为一些"老弱病残"难以逾越的死亡线。在冰冷的河水中，它们往往因体力不支而无法游到对岸去。

鹿群在每年初冬季节（10 ~ 11月）南迁的过程中开始交配，在每年春季（5 ~ 6月）迁移到北部冻土带的僻静处后，雌鹿便开始生儿育女。雌鹿怀孕期平均为225天，每胎产仔1 ~ 2个，哺乳期为5 ~ 6个月。北方鹿在2 ~ 3岁时就开始成熟，一般每年都能繁殖，直到很老。北方鹿的寿命大约25 ~ 28岁。因此，鹿群的增长率是很高的，年增长率可达到25%左右。

森林之舟——驯鹿

驯鹿又名角鹿，是属于鹿科驯鹿属的惟一种，下分9个亚种。驯鹿主要分布于欧亚大陆、北美、西伯利亚南部。中国亚种分布在大兴安岭西北坡，目前仅在内蒙古自治区额尔古纳左旗尚有少量饲养。

驯鹿与其他鹿种的最大区别是，它无论雌雄都长有鹿角，因此它们又被称为角鹿。又因为驯鹿的角似鹿、头似马、身似驴、蹄却似牛，所以也有人叫它们四不像。

驯鹿的体长约为1.2 ~ 2.2米，尾长约为7 ~ 21厘米。它的头长而直，耳朵较短，有点像马的耳朵；驯鹿的额略向下凹；颈很长，肩稍隆起，背腰平直；它的主蹄大而阔，行走时能触及地面，这有利于驯鹿在雪地和崎岖不平的道路上行走。驯鹿的体毛会随季节的变化而变化，夏季，驯鹿的毛呈灰棕、栗棕色，腹面和尾下部、四肢内侧的毛呈白色；到了冬季，驯鹿的毛色稍淡，呈灰褐或灰棕色。驯鹿一般在5月开始脱毛，9月份开始长冬毛。

驯鹿的个头比较大，雌鹿体重可达150多千克；雄鹿稍小，为90千克左右。它那一对树枝状的犄角，幅宽可达1.8米，雄性的角巨大，长度可达150厘米，且每年更换一次，旧的刚刚脱落，新的就开始生长。驯鹿主要栖于寒带、亚寒带森林和冻土地带。在中国主要生活在以针叶林、针阔混交林为主的寒温地带。多群栖，由于食物缺乏，常常远距离迁徙。驯鹿主要以冻土带的植物为食，冬天吃些苔藓、地衣等低等植物，夏天则吃树木的枝条和嫩芽、蘑菇、嫩青草、树叶等；有时，也会捉旅鼠，遇到鸟巢时也会把鸟蛋及幼雏一扫而光。9月中旬至10月交配，妊娠期7 ~ 8个月，每胎产1仔，偶尔产2仔，哺乳期约5～6个月。雌性幼兽18个月性成熟，雄性稍晚。幼小的驯鹿生长速度之快是任何动物也无法比拟的。雌鹿在冬季受孕，在春季的迁移途中产仔。幼仔产下时仅有雪兔那么大，2~3天即可跟着雌鹿一起赶路，一个星期之后它们就能像父母一样跑得飞快。

动物小知识

　　我们的祖先总是把鹿视为圣洁，赋予了许多美丽的神话和传说。西方也是如此，他们让鹿给圣诞老人拉车，给孩子们送礼物。

　　驯鹿具有顽强的耐寒能力，它们不仅可以从厚而坚实的雪下觅食，还可以在雪地、泥泞的沼泽地上行走奔跑自如，这些本领实在令人惊叹。

　　驯鹿每年都要进行大规模的迁徙，它们经常长途跋涉500～700千米，甚至上千千米。每年的春天，驯鹿便离开亚北极地区的森林和草原向北进发。驯鹿中以雌性为尊，因此走在队伍最前面的总是雌鹿，它们的身量虽然不如雄鹿，却是鹿群的灵魂。在迁徙途中，驯鹿会脱掉厚厚的冬装，长出新的薄薄的夏衣，这让它们的体态更加轻盈。而掉在地上的绒毛，正好成了天然的路标。

　　驯鹿与人类的关系非常密切。大约在200多万年以前，分布在欧亚大陆上的驯鹿就曾是人类主要的食物之一。那时的人类靠捕食驯鹿为生，维持了大约几千年。由于全球变暖，北极驯鹿开始被国际广泛关注。自1950年格陵兰驯鹿灭绝后至今，人们就开始担心这一厄运会降临到北极驯鹿的身上。

性情温和——雪兔

　　雪兔也叫变色兔、蓝兔。广泛分布在北极及其附近的冻原地带、欧亚大陆北部、俄罗斯、日本北海道和蒙古等地区，在我国分布于黑龙江、内蒙古东北部和新疆北部一带，是寒带、亚寒带代表动物之一。雪兔是一类个体较大的野兔，体长一般在50厘米左右。雪兔的耳朵较家兔短很多，这是因为在寒冷的地带不需要布满毛细血管的大耳朵来散热，而且要常常将耳朵紧紧地贴在背上，以保存热量。它的尾巴短小，是我国9种野兔（其余8种为东北兔、东北黑兔、华南兔、草兔、高原兔、塔里木兔、云南兔和海南兔）中尾巴最短的。它的眼睛很大，置于头的两侧，为其提供了大范围的视野，可以同时前视、后视、侧视和上视，真可谓眼观六路。

动物小·知识

　　　　雪兔眼睛间的距离太大，要靠左右移动面部才能看清物体。在快速奔跑时，往往来不及转动面部，所以常常撞墙、撞树，"守株待兔"的寓言故事很可能就是取材于此。

　　雪兔是典型的食草动物，夏季主要以多汁的草本植物、浆果及牧草为食；冬季以松柏及落叶松的树皮为主。

　　雪兔属夜行性动物，白天隐蔽，夜间活动。无固定的洞穴，多在坑洼处或倒木的枝丫卜隐藏。冬季，雪兔会在在雪被下挖深达1～1.2米的洞。

　　雪兔胆小怕惊，喜安静，耐寒怕热，喜啃咬木头和洗浴。雪兔平时胆小，

性情温和，然而一到3～5月的交配季节，它们就一反常态，变得异常活跃，整天东奔西跑寻找配偶。

雪兔毛长而绒厚，足底毛长呈刷状，这十分有利于它在雪地上行走防滑。而雪兔的腿肌发达而有力，前腿较短，后腿较长，脚下的毛多而蓬松，这十分有利于它跳跃前进。

在夏天，雪兔的毛色较深，多呈赤褐色，而为了适应冬季严寒的雪地生活环境，雪兔的毛色在冬天会变白。雪兔冬季毛色变白，主要由于换毛所致。雪兔的换毛与光照有相当大的关系：如果每天的光照时间减少，如冬季来临，雪兔就会开始换毛，毛色变白；如果每天的光照时间增加，如夏季来临，雪兔也会开始换毛，由白色换成棕色。雪兔换毛的顺序是由体侧、大腿和肩部开始，向上朝着脊背部的方向换，最后头部换毛。雪兔一般是先换针毛，后换绒毛。

狡兔三窟——白兔

白兔是寒带和亚寒带森林的代表性动物之一，一般栖息于寒温带或亚寒带针叶林区的沼泽地的边缘、河谷的芦苇丛、柳树丛及白杨林中。白兔一般是单独活动，当然发情期除外。白兔在白天一般隐藏在灌丛、凹地和倒木下的简单洞穴中，清晨、黄昏及夜里出来活动。白兔的巢穴并不固定，因此有"狡兔三窟"的说法。

白兔体长约为45～54厘米，尾长5～6.5厘米，体重2～5.5千克。在夏季，白兔的体毛为淡栗褐色并杂有黑色尖针毛；头顶及耳背部杂有大量的黑褐色短毛；耳尖呈黑褐色；喉部、胸部及前后肢的外侧为淡黄褐色；颏、腹部及四肢内侧为纯白色；前肢脚掌的刷毛呈浅栗色；尾的背面有褐色斑纹。在冬季，白兔全身呈雪白色，全身的毛厚密而柔软，体侧的毛长达5厘米，仅有耳尖和眼圈为黑褐色。

动物小知识

当兔子尽量把身体压低，是代表它很紧张，觉得有危险接近。在野外，当兔子觉得有危险接近，它们会尝试压低身子，避免被看到。

白兔是典型的食草动物，以草本植物及树木的嫩枝、嫩叶为食，冬季还啃食树皮，取食的时候细嚼慢咽，一般不喝水。

白兔在柔软的雪地上奔跑几乎不会留下痕迹，甚至连气味也不会留下，这就是白兔的特殊本领。因为白兔奔跑时不用脚掌接触地面，而是用脚掌下的硬鬃毛，和脚掌比起来，鬃毛自然不会留下什么痕迹和气味了。

灭顶之灾——南极狼

南极狼可以说是世界上生活在最南端的狼，它生活在阿根廷最南端的圣克鲁斯省西面的福克兰群岛上，由于福克兰群岛非常接近南极圈，因此而得名。

由于福克兰群岛上草原广阔，水草丰美，十分适合畜牧业，因此岛上大部分居民从事畜牧业。而南极狼就是以这里种类繁多的食草动物以及啮齿动物为食。

 动物小·知识

为了生存，南极狼在长期的进化过程中变得犬齿尖锐，能很容易的将食物撕开，几乎不用细嚼就能大口吞下，白齿也已经非常适应切肉和啃骨头的需要。

由于南极狼有偷食羊和家畜的习性，当地牧人对南极狼极其厌恶。为了保障自己的利益，牧人们开始联合起来大量捕杀南极狼。1833年，英国政府对福克兰群岛的占领更加速了南极狼的灭亡。面对英国人带来的枪支，南极狼毫无抵抗能力，随着枪声的不断响起，一条条南极狼倒在血泊之中。到了1875年，南极狼已经彻底灭绝了。南极狼被消灭了，可是更大的灾难却降临了。失去天敌的食草动物和啮齿类动物迅速繁殖，数量日益增多。它们大量啃食、破坏草场，使得草场大片大片的沙化，失去草场的牧人不得不另寻他业。

团结温情——北极狼

　　北极狼主要分布在加拿大北极岛屿及格陵兰岛北海岸。它们生活在荒芜的地带，包括苔原、冰河谷及冰原。北极狼能够抵御 –55℃的寒冷。由于在这个酷寒的地理环境中其他的狼很少，所以北极狼是所有狼族中最纯的品种。

　　北极狼也被称为白狼，因为它们有一身白色且比其他狼更加浓密的毛。它们的耳朵比较小也比较圆，鼻子稍短，腿也很短，外表非常可爱。北极狼是典型的肉食性动物，它们的牙齿非常尖利，有助于在寒冷的北极地区捕杀猎物。领头的雄狼在组织和指挥捕猎时，一般会选择弱小或年老的驯鹿或麝

牛作为猎取的目标。它们从不同方向包抄，然后慢慢接近，一旦时机成熟，便突然发起进攻。若猎物逃跑，它们便会穷追不舍。而且为了保存狼群的体力，它们往往会分成几个梯队，轮流作战，直到捕获成功。

动物小·知识

　　人类是北极狼的主要天敌，由于人类的采伐树木、污染和垃圾，它们失去了居住的地方。北极狼面临濒危的境地，主要的威胁是偷猎者，每年至少有200只北极狼被杀。

　　印象中的狼是一种凶残的动物，但北极狼也有温和善良的一面，它们对自己的后代会表现出无微不至的关怀。母狼在抚育小狼的时候，几乎寸步不离，即便偶尔外出，也会赶紧返回，细心照料幼崽。在小狼的成长期间，不单是母狼，狼群中某些其他成员也会一起喂养小狼，体现了狼群的团结与温情。

生性机警——狼獾

狼獾主要生活在北极边缘及亚北极地区的丛林之中，中国的东北也有分布。因为它的性情像狼一样的残忍，而体形又与獾类似，因此而得名狼獾。实际上，狼獾并不属于狼，而是属于鼬鼠家族，而且是该家族中最大的动物。

狼獾的体长约为1米，体重约为25千克，体色以棕色为主，远远望去，很像一头小小的棕熊。

狼獾是杂食性动物，它的食物主要是驯鹿，但也吃浆果、鸟蛋、小鸟、旅鼠等。在冬季，当驯鹿群从北极草原回到边缘丛林的时候，狼獾便会大开杀戒。由于狼獾的腿很短，脚相对较大，所以比腿长而蹄小的驯鹿更适宜在

在厚厚的积雪上奔跑，也正是这个原因让狼獾很容易捕到猎物。一旦捕到驯鹿，狼獾便会以最快的速度将它肢解，当场吃掉一部分鹿肉，剩下的则分几个地方埋藏起来，以备在食物匮乏的冬季再扒出来享用。在食物严重匮乏时期，狼獾也会饥不择食，靠狗熊或狼群的剩汤残羹甚至腐尸充饥。

脾气暴躁的狼獾有着十分强烈的私有观念。狼獾的尾部的香腺中可以分泌出类似麝香的液体，狼獾经常以此来标明自己的领地。在自己的家园里，狼獾决不允许其他动物存在，包括自己的同类。狼獾还经常把它们气味熏人的分泌物涂在食物上，以证明它们对食物的所有权，其他动物闻到这种气味便不再去碰那些食物了。

 动物·小·知识

　　狼獾又叫貂熊，头大耳小，背部弯曲，四肢短健，弯而长的爪
不能伸缩，尾毛蓬松。身体两侧有一浅棕色横带，从肩部开始至尾
基汇合，状似"月牙"，故有"月熊"之称。

只有到繁殖期，狼獾才肯聚在一起。它们的领地范围很大，母獾的领地可达50～300平方千米，公獾的领地更大，甚至可达1000平方千米以上。母獾对自己的领地防守得很严，尤其是在繁殖期及喂养幼仔的时候，除了前来求婚的公獾，母獾会赶走所有侵犯自己领地的动物。狼獾的妊娠期很长，约有4个月左右，狼獾的一窝幼仔一般为1～3只，有时多达4只，2年后幼仔成熟，开始繁殖。

据说狼獾的皮肤即使在极低的气温下，遇到从口、鼻中呼出的哈气也不会结冰，照常可以保持柔软干燥，这样就可防止脸部冻伤的发生。第一个知道这种特性的是爱斯基摩人，于是，有着狼一般凶残特性的狼獾开始成为人类枪口下的猎物了。因纽特人把狼獾的毛皮视为宝物，因为如果脸周围的皮毛结起冰来，就会很容易把脸部冻伤，这对在户外活动的人是非常严重的伤害。

海洋巨人——鲸

　　鲸，我们一般还称为"鲸鱼"，但实际上，鲸是一种生活在海洋中的特殊哺乳动物，与鱼有很大的区别，它们根本就不是一个种类。鲸属于胎生的哺乳动物，而鱼属于卵生的；鱼用鳃呼吸，而鲸则用肺呼吸。

　　目前，全世界鲸的产量约30%分散在南美洲、非洲和大洋洲附近海域以及北冰洋、太平洋和大西洋北部一带，而70%左右却集中在南极洲附近的海域。因此，坦荡浩淼的南冰洋正是群鲸腾跃、海兽纵横的广阔世界。

　　每当南冰洋开冻、暖季降临南极之前，不少生活在温带海域繁衍后代的鲸类，都好像能预知季节的变更，纷纷启程南下，开始作一年一度的长途回游，从千里甚至万里之外的远方海域游经非洲和南美洲沿海长驱而下，迁徙到南极。这时候，长须鲸、抹香鲸、座头鲸、蓝鲸、鲱鲸、驼背鲸和逆戟鲸等从四面八方云集南冰洋，使南极四周的水域成了群鲸荟萃的"鲸鱼世界"。

　　鲸类同那些生活在南冰洋中的海豹、海象和海豚等兽类一样都以乳汁哺育幼仔，都用肺呼吸，并长期生活在水中。但它既不同于鱼类要用鳃呼吸，也不像上述海兽每当繁殖幼仔的时候必须到海滩或冰上分娩，重新过一段两栖生活，而是过着符合其自身特点的生活。这些生活习性的特点是与它的起源有关的。

　　经过长期的演变，鲸不仅在体型上起了变化，成为适宜于水中活动的纺锤形的鱼身，而且其他器官也都起了相应的变化。曾经在陆上行走的前肢变成了现在的一对胸鳍，分列胸前两侧，当它在水面浮游时，其胸鳍伸出水面，就好像两只巨大的桨。后肢退化后两只长在一起，形成了呈扁平状的尾鳍，

　　在水中前进时可以使身体保持平衡，并像舵一样掌握前进的方向。它的两只鼻孔朝天，并向后移动到了头顶的位置，便于浮到水面时进行呼吸。

　　如今的鲸已经极擅游泳，常常远距离迁徙数千千米，简直可称得上游泳和潜水好手了。但一般游速并不快，每小时只有 8 ~ 10 千米，只有在发现危险或受到伤害时，游速才提高一倍，达到每小时 16 ~ 20 千米。鲸鱼一般在水下游泳 10 ~ 20 分钟后，就要浮出水面呼吸 1 ~ 3 分钟，以呼出肺内的废气，重新吸入新鲜空气。鲸鱼的肺活量很大，可一次吸入数十立方米的空气，所以，当它受伤或极度受惊时，可潜入水底达 1 小时左右。抹香鲸、小鳁鲸可以下潜几百米至 1000 多米，经受一二百个大气压，停留 2 个多小时。人类带了水下呼吸设备的潜水服，也只能下潜百米左右，停留不过几十分钟，还要不断供应与水压相等气压的空气（要知道水深每 10 米，压力就增加 1 个大气压）。鲸鱼也经常在海面追逐嬉戏，甚至跃出水面，将庞大的身躯完全暴露在空中。有时，海员们偶尔还能看到鲸鱼沉睡海面的情景，甚至小舢板或大船都能接近它的身躯。

与地球上的所有动物相比，鲸是首屈一指的庞然大物。这种硕大无朋的水生哺乳类动物就其重量和长度而言，不仅在现代动物界中是独一无二的，就是在古代横行无忌、不可一世的恐龙也望尘莫及。迄今发现的两亿年前的大型哺乳类动物的化石，也从未有过像鲸那样巨大的。最大的恐龙重达80吨，长27米。比起上百吨的鲸类来说只能算是中等动物了。

为了维持庞大身躯的新陈代谢，鲸类的食量都很大，每昼夜就要吞食1吨的鱼虾。捕鲸者在南冰洋的加工船上解剖鲸尸时，从一头中等须鲸的胃里发现还没有完全消化的磷虾多达2万只，可见它在一年中吞进肚子的海生动物的数量会达到天文数字了。就拿比蓝鲸和长须鲸都要小的逆戟鲸来说，它的胃口也很大。人们从它的胃中也曾发现过10多只海豹。甚至还有过在一头仅6.4米长的逆戟鲸的胃里一次发现14只海豹和13只海豚的记录。实际上，只有如此巨量的食物才能维持鲸大量的体力消耗。因为它不游则已，一游千里，在迁徙时则更远达万里之遥。而在"长征"途中它们往往是不吃东西的，一个劲儿地奋力向前，足见其平时营养积累的重要。有了足够的营养才能维持它巨大的活力。它在运动时体力惊人，往往使出1700匹马力的劲头。当它不幸被鲸炮命中时，还往往能拖着扎在身上的沉重的炮箭（即捕鲸炮弹），以受创的身躯，或猛烈碰撞船身，欲使船只倾覆；或使尽全力把船只拖跑。它拖着捕鲸船不定向前进，东晃西颠，不时发出呼啸之声，似哀鸣，如叹息，忽儿露出黑脑袋，忽儿浮现白肚皮。使出全身解数进行垂死挣扎，直到筋疲力尽才被迫就擒。

动物·小·知识

"鲸"这个汉字的造法明白地表示，古人认为鲸是一种大鱼，"鲸鱼"一词就更不用说了。我们不能责怪造字者缺乏生物学常识，因为包括鲸、海豚和鼠海豚（体型较小的海豚）在内的鲸类动物实在是同鱼太像了。

　　鲸的体重往往超过100吨，但它的大脑的重量却只有8千克左右，与庞大的身躯极不相称。脑子的体积虽不大，但大脑皮层的皱纹很复杂，说明它具有陆地动物那样的比较高级的中枢神经组织。这一构造决定了鲸尽管身体笨重，但在水中却仍然显得机动灵活。凭着灵敏的听觉发现远处有螺旋桨搅动水浪的声音，它便急速逃窜，以躲避捕鲸船的追踪。有时它能机警地潜入大冰山的底部或绕到冰山后边与捕鲸者"捉迷藏"。

　　鲸和鱼类一样，也是近视眼。因为它们祖祖辈辈都在水中生活，适应了光线暗淡、有时甚至呈悬浊液的水域环境。不过，鲸对红、黄、绿、蓝色的反应很灵敏，对水中物体的形状和大小也有识别能力。

　　生活在南极海域的须鲸，当发现憩息在冰块和冰山上的海豹和企鹅时，便悄悄地靠近目的地，并用背把冰块扛起来，使之倾斜或颠覆，使企鹅和海豹翻身落入水中，它旋即追捕，并狼吞虎咽地饱餐一顿。

　　须鲸在南冰洋中寻找食物时，能充分发挥皮肤和鲸须的触角作用。当它发现有大量浮游生物时，便张开大嘴，像巨网一样等待着数以万计的"牺牲品"。须鲸身上除了头部和下颚稀疏地留有一些须毛之外，全身皮肤几乎溜光。既无汗腺，又无泪腺，连皮脂腺也没有。但雌鲸腹部皮肤皱摺之处的生殖孔两侧长有一对乳房。在哺乳期间，母鲸体态丰腴，乳房隆起。

　　母鲸除了不时给仔鲸哺乳之外，对于幼鲸的关心和体贴也是无微不至的。它还负担着安全保卫和生活诱导的任务。为了防止海中凶禽猛兽的意外袭击，母仔通常在海湾的安谧角落独处。幼鲸不会擅自远游，一直随母见习。循循善诱的母鲸常常耐心地以示范动作教会幼鲸如何随波逐流，如何迂回滩洲，如何觅食避险，又如何辨向识途。

　　有时"全家"在海湾内乐聚天伦，尽情嬉戏。小鲸在父母身边故意卖嗔弄娇，调皮玩耍，忽而浮上，忽而下潜，忽而蹦跳，忽而逃遁。有时父鲸躲在水底兴涛作浪，掀起轩然大波，故意吓唬仔鲸，好让它经受惊涛骇浪的锻练。有时母鲸还用鼻子托起幼鲸，让它溜溜地来回转动，亲切地逗乐它，使它兴高采烈地翔游欢腾，沉浸在无限幸福的爱的漩涡里。

神秘声音——抹香鲸

　　抹香鲸不但个头大，捕食凶猛，其外形也很奇特，就像一个大大的蝌蚪，脑袋就占了整个身体的1/4，看上去有头重脚轻之感。它那个大脑袋可不是空的，里面储满了鲸油，一头大抹香鲸脑袋里的油，重达1000多千克。

　　人们还发现，抹香鲸的油是所有鲸类中最纯净的。这样一来，抹香鲸就遭了殃，人们为了牟取暴利，肆意捕杀，抹香鲸的数量锐减，从原来的100多万头，减少到现在的几万头，面临灭绝的危险。为了挽救抹香鲸的命运，世界各国都制订了一些保护措施，并在海洋里划出禁猎区。

　　科学家们对抹香鲸最感兴趣的还是它奇特的大脑袋。它长那么大个脑袋，是干什么用的呢？人们对此提出了各种不同的看法。有人认为，抹香鲸大脑袋里面的脂油，起着回声探测器的作用。抹香鲸的食量很大，平均每天需要捕

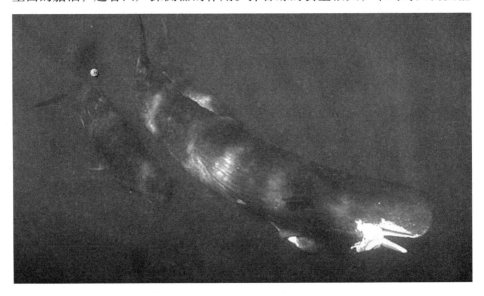

食300千克，它不仅白天要捕食，晚上也要进食。

抹香鲸的食物主要是章鱼和大乌贼，在嘈杂的海洋世界里，如果不用回声定位法来探测猎物的方位和数量，行动就不会灵敏和迅速。而抹香鲸大脑袋里的脂肪，就像声学中的透镜体，把复杂的回声折射成灵敏的探测声束，传入耳中，这样才可让大脑作出快速准确的判断。

有人不同意以上这种说法，认为抹香鲸大脑袋里面装了那么多的油，是为了潜水用的。因为抹香鲸的食物——章鱼和乌贼都生活在深海区，它为了捕捉到更多的食物，必须延长潜水时间，它那个大脑袋里面装的那些油脂，就起到了浮力调节器的作用。这两种说法谁是谁非，还有待于进一步研究。

高度智能的鲸和海豚弃海集体登陆自杀，海洋生物学家对这一现象一直迷惑不解。

在澳大利亚，有人认为这是鲸为了躲避鲨鱼，企图在多石的海湾中找到庇护所。有人说是船舶发动时的噪声使得它们失去了方向。

动物·小·知识

抹香鲸是世界上最大的齿鲸。它们在所有鲸类中潜得最深、最久，因此号称动物王国中的"潜水冠军"。

美国有一位鲸学家认为，抹香鲸是一种着恋性很强的动物。当一头抹香鲸在海滩遇难时，只要它通过定向声响系统发出呼救信号，其他同类便迅速赶来奋力相救。如果没有脱险，其他同类也不会弃而离去。正是这种长期的种群生活方式造就了它们保护同类的本性，最后酿成了它们集体自杀。

美国加州理工大学的卡西别克博士等人通过研究发现，抹香鲸是通过磁性感觉器官来辨别前进方向的。而大海中的地球磁场分布有两种情况，一是逐步增细的磁区域，它到了海底大山等处就成了磁场极强区；二是在磁场增强区的外围有一磁场减弱区，它的临近一端是极弱的磁区域。

而抹香鲸必须经过极弱区才能游往磁场极强区附近。虽然这里的磁力极弱，会使抹香鲸的第六感官失灵。但凭着经验，在绝大多数情况下，抹香鲸会本能地继续勇往直前，到达磁场极强区附近，追捕猎物。可有些海岸也是局部磁场的极弱区，于是在磁感失灵的情况下，抹香鲸依然本能地冲向海岸，企图游到磁场极强区。这种徒劳致命的冲撞造成了集体自杀的悲剧。

美国国立海洋渔业处的布赖恩·戈尔曼博士，通过仔细查看自杀抹香鲸的尸体，发现它们的皮肤和嘴部都有严重溃疡，特别是皮肤都出现了同肌体分离的现象。解剖尸体后，又发现其胸腔、腹部、心脏及肺部均有红色液体。

细菌培养的结果表明，这些鲸都感染了弧菌属或其他病菌，它们的免疫功能已相当脆弱，正是这种传染病夺去了它们的生命。因此，戈尔曼认为，抹香鲸集体自杀是人类对海洋的严重污染，致使病菌迅速繁殖的结果。

此外，科学家们还发现抹香鲸另外一个奇特之处，即它只有下牙，没有上牙。下牙很大，足有0.02多米长，每侧有40~50颗，这些牙齿把上颌刺出了一个个洞。别看它牙齿长得怪，一旦被它咬住，就休想脱身。

有人分析，抹香鲸捕捉大王乌贼，不是靠它的牙齿，也不是因为它那个庞大的身体，而是它在捕食之前要大吼一声，这一声会把动物吓昏，然后它再慢慢品尝。事实是不是这样呢，还有待于科学家们进一步的探索和研究。

巨型身躯——蓝鲸

　　蓝鲸是世界上体型最大的动物，它比非洲象还要重30倍，即使是体型最大的恐龙的体重也不足它的一半。刚出生的蓝鲸幼仔就与雌性大象的体重一样，而且它的体重每天都要增加约90千克，也就是说每小时增加3.6千克。成年的蓝鲸的心脏就相当于一辆家用轿车那么大，蓝鲸的心脏能够处理9000升的血液，每跳动一下就能泵出270多升的血液。蓝鲸的大动脉宽的足以让一个5岁的小孩在里面游泳。

　　鲸能够长得如此之大，是由于水的浮力可以承受它巨大的体重，而在陆地上这么大的动物是无法生活的，因为能量需要运转，所需的食物也太多了。但是对于生活在海里的温血动物来说，还有许多疑难的问题：这实际上是一

个荒漠地带，没有任何可以饮用的水；而且这里很冷，在水中的热传导比陆地上要快上24倍。

动物小·知识

　　蓝鲸的头非常大，舌头上能站50个人。刚生下的蓝鲸幼崽比一头成年象还要重。在其生命的前7个月，幼鲸每天要喝400升母乳。幼鲸的生长速度很快，体重每24小时增加90千克。

　　鲸脂是使得蓝鲸能够存活的不可或缺的要素，因为鲸脂的密度小于海水的密度，所以它能够起到绝缘外套和救生衣的作用。除此之外，鲸脂还可以储存从食物中摄取的水分，从而保证蓝鲸在食物短缺时也能获得一部分快捷的营养补给。

　　蓝鲸是靠声音相互交流的，这是因为味觉在水中没有用，视觉在水中受到限制，只有鳍而没有手指的蓝鲸触觉自然也不发达，而声波在水下的传播速度比在陆地上要快4倍。鲸的歌声是动物所能发出的最大的声音，有些低频的歌声甚至在几千千米之外都能够感觉到。

凶猛猎人——虎鲸

　　在大海里有一种像老虎一样凶猛的动物，那就是虎鲸。虎鲸可以说是最凶猛的海洋动物了。人们都认为大白鲨是海洋中最凶猛的动物，因为大白鲨经常攻击人类。历史上还没有过虎鲸攻击人类的事例，不仅如此，还在很多地方流传有虎鲸救助落水渔夫的故事。事实上，虎鲸才是真正的海洋之王，它们是鲨鱼的天敌。

　　虎鲸俗称杀人鲸，别称凶手鲸、逆戟鲸等，是一种大型齿鲸，是海豚科中体型最大的物种，身长为8～10米，体重9吨左右，性情凶猛，善于进攻猎物，是企鹅、海豹等动物的天敌，有时它还袭击同类——须鲸或抹香鲸，是名副其实的海上霸王。虎鲸遍及世界各大洋，喜欢栖息在0℃～13℃的较

冷水域，以南北两极等冷水海域和近海区较常见，部分虎鲸会终年停留于南极海域，而在北极的虎鲸则很少接近浮冰。在我国常见于渤海、黄海、东海、南海和台湾海域。

虎鲸体形呈纺锤形，表面光滑，身体的颜色黑白分明，背部为漆黑色，腹面大部分为雪白的颜色。头部呈圆锥状，嘴巴细长，没有突出的嘴喙，牙齿锋利，上下颌上共有40～50枚圆锥形的大牙齿。鼻孔在头顶的右侧，有开关自如的活瓣，当浮到水面上时，就打开活瓣呼吸，喷出一片泡沫状的气雾，遇到海面上的冷空气就变成了一根水柱。

虎鲸的前肢进化为一对鳍，很发达，后肢退化消失。高耸于背部中央的强大的三角形背鳍，弯曲长达1米，既是进攻的武器，又可以起到舵的作用。虎鲸游泳速度很快，最快可达时速55千米，潜水的时间也很长，最多能达到30分钟以上。虎鲸喜欢群居，有2～3头的小群，也有40～50头的大群。

位于华盛顿与英属哥伦比亚的定居型虎鲸，其基本社群单位为小型母系群体，一般由2～9头血缘关系相近的虎鲸组成。这种母系群体会长期维持稳固，所有成员似乎会共同分担养育工作。几个这样的群体会共同组成一个小群，每个小群一起社交，休息，互相依存。普通的小群通常包含成年、未成年的雌雄虎鲸与仔鲸，多半由最年长的雌鲸居于领导地位，而待在小群里的雄鲸通常是该雌鲸的后代，甚至有些雄性虎鲸长到9米还在小群中生活。定居型小群面对其他小群时有特殊的致意方式：面对对方一段距离排成两行紧密纵队，然后两个小群的成员会互相混杂，似乎是在表明其社交地位。它们的小群很稳定、和睦，只有死亡或者被捕才能被破坏。

虎鲸猎食的对象主要是各种海洋兽类，如海豚、海狮、海象等，有时也捕食乌贼和鳕鱼、鲆鱼、鲭鱼、沙丁鱼等各种海洋鱼类。海洋中的露脊鲸、长须鲸、座头鲸、灰鲸、蓝鲸等大型鲸类也都畏之如虎，见了就慌忙避开，就连名气最大、号称食人鲨的大白鲨见了虎鲸也惟恐避之不及，这两者一旦相遇就会引发一场血雨腥风的海战，虽然几乎每次都是大白鲨遍体鳞伤或逃或死，但虎鲸也会付出沉重的代价。

动物·小·知识

虎鲸非常聪明，几乎是有意识有目的地去攻击目标，在捕食的时候还会使用诡计。先将腹部朝上，一动不动地漂浮在海面上，很像一具死尸，而当乌贼、海鸟、海兽等接近它的时候，就突然翻过身来，张开大嘴把它们吃掉。

虎鲸是一个天才的语言大师，它能发出62种不同的声音，而且这些声音有着不同的含义。例如捕食时，虎鲸就会发出断断续续如同用力拉扯生锈铁门窗铰链发出的声音，鱼类听到这种声音后，受到恐吓，行动就会变得失常了。生活在不同海区里的虎鲸，或者不同的虎鲸群体，使用的"语言"的音调都有不同程度的差异，如同人类的地方方言一样。有时候，某一海区出现大量的食物，虎鲸便会从四面八方游过来捕食。

当某些虎鲸遭遇险情时，其他虎鲸也能迅速赶来增援。它们之间可以通过"语言"互相交谈，但彼此是怎样听懂对方的"方言"的，至今尚不清楚。在出生后的1～2年内，幼仔虎鲸在饥饿或者呼唤雌兽时，只能发出粗厉的声音。以后随着年龄的增长逐渐模仿成体的声音，改进和丰富自己的叫声，但由于虎鲸的语言复杂而多变，幼仔要完全掌握成体的"语言"，至少需要花上5年多的时间。

由于虎鲸智力出众，也就常被人们通过驯化来完成一些特殊的任务。例如，美国海军夏威夷水下作战中心每年要花费数百万美元来训练一只动物部队，虎鲸就是其中的主要成员之一，它们可以进行深潜、导航、排雷等工作。人们还训练虎鲸打捞海底遗物，有时会播放虎鲸的声音来吓跑海里的动物，或者把它当成海中警犬，看护和管理人工养殖的鱼群等。

目前，虎鲸正面临着环境污染、人为猎捕以及食物减少等生存威胁。在日本、印度尼西亚、格陵兰与西印度群岛，捕鲸活动仍在持续，虽然当下虎鲸没有灭绝之忧，但也许不久的将来，人类就将为保护虎鲸而绞尽脑汁。

独角仙兽——独角鲸

　　独角鲸生活在北冰洋及其附近海域。事实上，独角鲸所谓的独角，其实是雄性独角鲸左上颌的一枚长牙，它长达3米，是笔直的螺旋形。而雌性鲸很少有这种"独角"。雄性独角鲸的这只怪异"独角"引起了众多科学家的兴趣，他们纷纷对这只"独角"的神奇作用进行猜测。

　　独角鲸仅上颚生一对齿，雄性个体左侧的一枚齿呈螺旋形，长可达2.5米，形似角，所以才有独角鲸这个名字。独角鲸体表光滑无毛。无外耳廓，耳孔甚小。前肢鳍状，后肢退化。一角鲸属于齿鲸类，一般体长4～5米，体重900～1600千克，腹白背黑，是小型鲸类。它的繁殖率较低，一般3年产一仔，孕期15个月，哺乳20个月。在胚胎中，一角鲸本有16枚牙齿，但都不发达，至出生时，多数牙齿都退化消失了，仅上颌的两枚保留下来。而雌鲸的

牙始终隐于上颌之中，只有雄鲸上颌左侧的一枚会破唇而出，像一根长杆伸出嘴外。不过也有人偶然发现有两枚同时长出的，但数量极少。独角鲸最显著的特征是那颗长在上颌上的长牙。虽然名字叫独角鲸，偶尔，雄独角鲸也会长两颗长牙，只有3%的雌性独角鲸有长牙。独角鲸的长牙和人类牙齿一样充满牙髓和神经，最粗的比得上街灯柱，长度超过了成人的身高。通常由于表面附着绿藻和海虱，长牙呈绿色。

动物小·知识

　　独角鲸可能是世界上最神秘的动物之一，它们只生活在北极水域，速度极快，神出鬼没，又叫海洋独角兽。在中世纪，独角鲸的牙被当作独角兽的角远销欧洲和东亚。

　　雄独角鲸会以长牙互相较量，不论在水中或海面上，发出的声音就像两根木棒互击。年轻的雄鲸经常嬉戏打斗，但很少刺戳对方。最强的雄鲸，通常也是长牙最长、最粗者，可以与较多的雌鲸交配。独角鲸经常为急速结冻的冰层所困，它们不利用长牙，而是利用头部撞出所需的呼吸孔。当雄鲸浮到海面呼吸时，偶尔可见到长牙，但一般会在水面以下。独角鲸的社会地位与其长牙有关。成群的大型雄鲸大都停留在比雌鲸或仔鲸距离岸边稍远的外海海域。大多数的雌鲸都没有长牙。

　　有的科学家认为，这枚长牙是雄性独角鲸用来战斗的武器；有的科学家则认为，它是雄性独角鲸凿穿冰层，进行呼吸的工具；还有科学家认为，这枚长牙是独角鲸的取食工具；也有科学家猜想，它是独角鲸的散热器官，因为独角鲸在快速游动时身体会发热，所以它会通过这只独角来散热；还有人说它是独角鲸的回声定位工具，用于寻找食物；还有其他说法，如：独角鲸利用这只独角来改善其全身的流体力学性能，从而使自己游得更快；独角鲸利用这只奇特的角来引诱一些好奇的小鱼，从而成为它的美餐。

　　以上种种说法，究竟哪种正确，还有待于科学家们进一步探索。

古老鲸类——灰鲸

    灰鲸是须鲸中洄游距离最远的一种，它在每年夏季都到两极海域索饵觅食，冬季则洄游到暖海产仔。由于南北半球季节不同，两半球的灰鲸的洄游步调也不一致。

    灰鲸的须是须鲸中最短的一种。灰鲸和其他须鲸不同的地方是，它主要以底栖生物为食。每年晚春，当白令海和北极海域冰消雪融，日照渐长时，灰鲸便会来这里的海底搜捕被称作端足类的节肢动物吃。在此期间，灰鲸每天可以吃下重达1吨多的食物。然而好景不长，到了9月，由于气温降低，浮冰侵来，索饵场被隔断，加上孕鲸临产，灰鲸便开始了行程6000多千米的南

下洄游。它们沿着北美海岸行进，浩浩荡荡，日夜兼程达3个多月，平均日行185千米，最后到达温暖的墨西哥湾加利福尼亚的潟湖之中。不久，孕鲸产仔，刚出生的小灰鲸体长约5米、体重约为1吨。此后的2个月时间里，母鲸会把小灰鲸照顾得无微不至。

 动物·小知识

灰鲸经常聚集在一起喷水嬉戏，嬉戏的同时也是它们进行感情交流的好时机。灰鲸的同性之间的性行为互动也很普遍，通常会有5头雄灰鲸组成一组，喷水戏耍，互相摩擦彼此的腹部，以让生殖器官互相接触。

灰鲸孕期长达13个月之久，至次年早春小灰鲸长到6～8米长时，它每天会增重100千克，这时的小灰鲸已有足够的能力和母鲸一起洄游。于是，带仔的母鲸和受孕的雌鲸，又开始了为期3个月的北上索饵场的洄游。

海洋歌者——座头鲸

座头鲸分布在从南极冰缘到北纬65°的广阔海面，而且随着季节变化会发生有规律的南北洄游。它们夏天生活在凉爽的高纬度水域，但是在热带或亚热带水域交配繁衍。座头鲸通常每年迁徙路程长达25000千米，使它们成为哺乳动物中最好的旅行者之一。有人称其为远航者，这是"世界上一种神奇的庞然大物造就一次不同凡响的奇妙旅行"。座头鲸的群体结构较为松散，一般都是单独生活，成对或者几只一起生活的也有，性情温顺，同伴间的眷恋性很强。在夏季为了方便互相合作觅食，通常群体生活会持续很久。座头鲸的寿命相当长，一般为60～70年。

座头鲸游泳的速度很慢，每小时约为8~15千米，在海面缓缓游动时，就像一座冰山一样，身体的大部分沉在水下，有时又像是一个自由飘浮的小岛，人们在海岸上也能看到它露出海面的身体。它可以钻入水中快速潜水游动，仅用几秒钟就能潜入昏暗的海底深渊。当露出水面呼吸时，从鼻孔里会喷出一股气体，把周围的海水也一起卷出海面，形成一股水柱，同时发出洪亮的类似蒸汽机发出的声音，被称之为"喷潮"或"雾柱"，有幸能看到如此壮观的场面绝对会让人心潮澎湃。有时它还会兴奋得全身跃出水面，高度可达6米，落水时溅起的水花声在几千米外都能听到。

座头鲸是一种非常积极的捕猎者，它们的捕食对象包括磷虾、小群鱼、鲱鱼、胡瓜鱼和玉筋鱼。捕食的方法有的是直接攻击，有的是通过用鳍拍打海水而将猎物击晕。还有种最独特的猎食技巧足以看出它们的智慧和协作性：一群座头鲸会在鱼群的下方围成一个大圈，并迅速地游动，再利用它们的喷水孔向上喷气形成水泡网从而使鱼群被逼得更为密集。然后它们突然会张大口向上窜，一口就可以吞下数以千计的鱼虾。这或许是最奇特的海洋哺乳类的捕猎法。

 动物小·知识

座头鲸的性情十分温顺可亲，成体之间也常以相互触摸来表达感情。但在与敌害格斗时，座头鲸却显得十分勇猛，它会用特长的鳍状肢，或者强有力的尾巴猛击对方，甚至用头部去顶撞，结果常造成皮肉破裂，鲜血直流。

座头鲸的配偶为一夫一妻制，雌座头鲸每2年生育一次，妊娠期约为10个月，每胎产1仔。座头鲸的家庭十分和睦，当雌座头鲸带着幼仔时，雄座头鲸往往紧跟其后进行保护。作为哺乳动物，雌座头鲸用乳汁喂养幼仔，乳汁由乳头自动挤出，幼仔在水中吸食。座头鲸的幼仔发育很快，它的体重每天可以增长40~50千克。座头鲸母子之间的亲情十分深厚，甚至是令人叹服。

雌座头鲸在哺乳期间为幼仔的成长提供一切营养，而它自己却长时间不进食，直到幼仔长得有几个月大的时候才开始寻找食物，座头鲸的幼仔也常用两鳍温情脉脉地触摸着母亲。

在座头鲸进行交配的水域放置一个声音接收器，你会听到变幻莫测的"交响曲"：呜咽声、呻吟声、咆哮声、打鼾声、尖叫声、口哨声。这些奇妙的歌声是由雄性座头鲸发出的，它们以能唱最长、最复杂的动物歌曲而闻名于世。由于大多数歌曲是在交配的季节才唱，所以人们推测这些歌曲很可能是为了吸引异性的注意以及赶走其他的竞争者。但是这些歌曲也可能还有更加微妙之处，只是我们人类还没有完全了解。

一首歌曲常常能持续约半个小时，当座头鲸唱完一首歌曲之后，它通常会返回到开头，然后又重新唱一遍。每首歌曲都由几个主要部分组成，或者由几个段落构成，它们通常会按照相同的顺序排列，并且会重复很多次，但是每一次都会得到提炼和改进。一个海域的所有座头鲸都唱同一首歌，唱歌时还不时与其他即兴创作者合作。但是，你在某一天听到的歌曲可能会与几个月后听到的歌曲不同。这样的话，几年下来，整首曲子有可能会完全改变。

与此同时，其他海域的座头鲸却唱着截然不同的歌曲。它们也许都在低吟着生活中同样的艰辛和磨难，但是曲调各有特色，以至于专家仅仅通过听它们那富有特色的歌曲就能分辨出哪里的座头鲸已经被录过音。

海中狮王——海狮

美国海洋生物学家科琳·卡什佳克和罗纳德·舒特曼，1991年曾对一头名叫"里奥"的雌性海狮进行了较为复杂的字母和数字记忆测试。10年后，他们惊奇地发现，在没有任何提示的情况下，这头海狮能利用它超常的记忆力轻而易举地对付这些"小把戏"。由此看来，海狮是一种非常聪明的动物，经过一定的训练，它还能够帮助人类工作。美国特种部队中就有一头训练有素的海狮，曾在1分钟内将沉入海底的火箭取上来，而人们只要给它一点乌贼和鱼作"报酬"，它就满足了。

在人与海狮的相处过程中，彼此都结下了很深的情谊。有这样一个故事，

一艘载有马戏团海狮的船在海上沉没，马戏团的海狮以此获得了自由，但是船上的乘客却没有几个幸免遇难的。就在几年后，曾经的一个海狮驯养员在海边行走，在那次海难中逃掉的海狮刚巧也在这个岸边休息。当听到驯养员呼唤朋友的声音，这群海狮都从水中爬到了陆地上，向他们原来的驯养师爬去。

海狮是这样一种动物。它们的头部略圆，四肢呈鳍状，后肢能转向前方，可在陆地上行走。而海豹的后肢就不能转动方向，它只能靠前肢拖着身体匍匐前进，非常吃力。海狮的耳朵很小，尾巴也很短，全身长满浓密的短毛。不同种类的海狮具有不同的毛色：黄褐色、褐色、黑褐色等。它们的视觉虽差，但听觉和嗅觉都很灵敏。鳍状肢的构造与人类手和手臂的构造很相似，这使得它们即使在岸上也能行走自如。

动物小知识

在自然条件下，海狮的活动量大增，它们的食量还会增加2～3倍。海狮不但食量大，而且胆子也不小。它敢于在鱼网中钻来钻去，抢夺渔民的收获，然后撕坏渔网逃之夭夭。因此，在渔民眼中，海狮成了过街老鼠，人人喊打。

世界上的海狮多分布于太平洋北部和南部的沿岸，它们常趴到岩礁、沙滩上休息。和其他的哺乳类动物一样，海狮具有用肺呼吸、胎生的恒温动物等特点。又因海狮吼声如狮，且个别种类颈部长有鬃毛，颇像狮子，故有"海中狮王"之称，所以人们才叫它们"海狮"。

北方海狮是海狮中体型最大的，成年雄性北方海狮体重会达到1000千克以上。它们在岸上活动时非常机警，胆量与它庞大的身躯极不相称，一有风吹草动它们便集体迅速回到海水中。即使在睡觉时，群体中也有"哨兵"担任警戒，发现危险，立刻发出信号告知同伴。

海狮光滑流线形的身体使它很适合潜水，它们经常到180米以下的深水区去猎食。海狮的胡须好比探测器，在漆黑的海底总能帮它轻易捕到食物。尽管海狮要浮到水面去呼吸，但它们在水下最长可以停留40分钟。海狮从来不用喝水，它们从食物中获得了身体所需的全部水分。

海狮是一夫多妻制，每一只雄海狮可以娶约10只雌海狮，雄海狮常以叫声和身上的体味来辨识雌海狮及小海狮。每年的5月到7月，成年海狮们就开始准备迎接种群中新生命的诞生了。雄海狮们为保证自己的"孩子"出生在一个安静、安全的环境里，便不停地咆哮，以阻止其他邻居的入侵。小海狮一生下来就可以用四肢游泳和爬行。这时雌海狮必须返回海中补充体力。回来后，它们会凭借着小海狮微弱的叫声准确无误地辨认出自己的孩子。

潜水冠军——海豹

　　海豹是一种温顺的海洋动物。它们生活在冰冷而幽暗的深海中，并且以独特的潜水本领赢得了"潜水冠军"的美誉。而海豹皮下厚厚的脂肪也保证了它们能够在寒冷的两极地区自在生活。

　　海豹是鳍足类中分布最广的一类动物，从南极到北极，从海洋到淡水湖泊，都有海豹的足迹。南极海豹数量最多，其次是北冰洋、北大西洋、北太平洋等地。海豹是鳍足类中的一个大家族，全世界共有19种。其中有鼻子能膨胀的象海豹、头形似和尚的僧海豹、身披白色带纹的带纹海豹、体色斑驳的斑海豹、雄兽头上具有鸡冠状黑皮囊的冠海豹。海豹的身体不大，仅有1.5～2米长，雄海豹的体重约为150千克，雌海豹的体型略小，体重约为120千克。

　　海豹是哺乳动物，它们和陆地上的豹子是亲戚，但并不像豹子跑得那么

快。因为海豹长了一双类似于鱼鳍的脚，所以在陆地上行走时的速度非常缓慢。

海豹最喜欢吃的食物是鱼类，尤其是那些人类不喜爱的鱼类。还有几种海豹喜欢捕食磷虾。海豹表面上看好像笨笨的，但海豹在捕食方面可是高手。即使在冰冷漆黑的水里，海豹也能捕猎。因为长在它们脸上的须可以根据身边水压的变化估测到水中动物的方位，所以即使蒙上眼睛的海豹也能猎食。

海豹的皮毛短而且光滑，身体呈纺锤形，头部圆圆的，貌似家犬，适于游泳。但它们的四肢并不发达，在陆地上只能匍匐行进或扭动。海豹一生中大部分的时间在海中度过，仅在繁殖、哺乳和换毛时才到岸边或冰面上来。南极地区是它们最大的聚居地。

海豹在繁殖期不聚群，幼崽出生后组成家庭群，哺乳期过后，家庭群结束。海豹在冰上产崽，当冰融化之后，幼崽才开始独立在水中生活。少数繁殖期推后的海豹个体则不得不在沿岸的沙滩上产崽。

动物·小·知识

海豹社会实行"一妻多夫"制。一只雌海豹后面往往跟着数只雄海豹，但雌海豹只能从雄海豹中挑选一只。雄海豹间的战斗在所难免，狂暴的海豹用牙齿狠咬对方有些雄海豹的毛皮便因此而撕破，鲜血直流。战斗结束，胜利者便和母海豹一起下水，在水中交配。

海豹的表皮下有一层厚厚的脂肪，我们称之为兽脂。兽脂同鲸脂一样，具有保暖作用。即使在两极地区，海豹也能长时间在水里逗留，它潜水时要闭上鼻孔和耳孔。一些海豹可以在水中逗留达30分钟之久，潜水深度达600多米。海豹潜水时先吸一口气，然后屏住呼吸，同时心跳降至每分钟4~15次，这样可以让血液中的氧气消耗得慢些。

海豹喜欢游泳戏水，性情生动活泼，实在惹人喜爱。受过训练的海豹还会表演玩球等节目。海豹还喜欢爬到礁石上，这时它们的动作就显得格外笨拙，善于游泳的四肢只能起支撑作用。海豹爬行的动作十分有趣，常引起观众们的朗朗笑声。

相貌丑陋——象海豹

象海豹是世界上最大的海豹，有产于南半球的南象海豹和产于北半球北象海豹两种。雄象海豹的体型比雌象海豹大得多，最大的雄象海豹的体重可达4000千克。由于体形巨大，再加上成年后的雄象海豹有个短短的象鼻，因此得"象海豹"。平时，象海豹的鼻子都是下垂遮住口部，当发怒时，雄象海豹的鼻子会膨胀起来，并发出很响的声音。象海豹的鼻子长达50多厘米，有一个橘红色的向外伸出的肉质球。

 动物小·知识

小象海豹身上披着一层卷曲的黑色胎毛，又短又软，像团闪光的缎子。不时地发出像小狗叫一样的声音。它们在睡觉时，姿势就像婴儿一样，仰面朝天，悠然自得。一个月后，小象海豹就换上一身柔软的银灰色外衣，并开始入海学游泳和觅食。

象海豹不但身躯巨大，体态臃肿，而且相貌丑陋，体色为黄褐色中杂以灰色，看上去污秽不堪。夏天，成群的象海豹喜欢躲在泥水中消磨时光。有时，象海豹躺卧在向阳的山岩下睡大觉，躺卧之处，遍地屎尿，腥臭扑鼻。此刻，外界若有动静，它们也懒得移动，只是张开血盆大口，发出粗犷的打鼾声。

繁殖季节，象海豹相互之间富有进攻性，雄兽互相搏斗以在海滩上占据领地，谁若取胜，谁就有权拥有3～30头的雌兽群。

打孔专家——威德尔海豹

在南极海域，最有代表性的可能就是威德尔海豹了。威德尔海豹生活在南极半岛附近的威德尔海和设德兰群岛四周海域，但它们并没有固定的栖身地方。冬季时，它们会结伴迁移到离南极大陆很远的海域去。到夏季时，它们又成群结队地返回南极大陆附近的海域。除了捕食外，它们终日躺在冰面上晒太阳。

成年的威德尔海豹体长3米左右，体重600～800千克，身披短毛，背部呈深黑色，其余部分浅灰色，身体两侧有白斑。这些常常出没于南极大陆上威德尔海豹可以说是"打孔专家"。每当寒季海面封冻时，它们便忙碌地在冰层下游来游去到处"打孔"。

威德尔海豹一般能在水下待10～20分钟，最长可达70分钟，因为它需

要不断浮出水面进行呼吸。由于寒冷的南极海域容易被封冻，当威德尔海豹被封在海冰或浮冰群的底层时，就无法随时浮出水面进行呼吸。为了呼吸，威德尔海豹会不顾一切大口大口地啃起冰来，费尽了平生之力，啃出一个洞，以尽情地呼吸着空气。为了避免自己用鲜血和生命换来的洞口被再次冻结，威德尔海豹每隔一段时间就要重新啃一次。这样，冰洞就成了它进出海洋、呼吸和进行活动的门户。然而，威德尔海豹并不擅长打洞，在啃咬冰块的时候，它的嘴磨破了，牙齿磨短了，甚至磨掉了，这使得它进食很不方便，也无法同它的劲敌进行搏斗。因此，本来可以活20多年的威德尔海豹的真实寿命只有8～10年，有的甚至只活4～5年就丧生了。更有甚者，有的威德尔海豹在还没有钻出洞口的时候就因缺氧和体力耗尽而亡。

　　威德尔海豹啃出来的的冰洞，还是海洋学家进行海洋科学研究的极好场所。海洋学家可利用这些冰洞采集海水样品，进行海洋化学和海洋生物学的研究。还可以把各种海洋学仪器放进冰洞，进行海洋物理学等学科的研究。因此，人们把威德尔海豹称为"打孔巨匠"和海洋学家的得力助手。

　　别看雄海豹长得一副蠢头呆脑的怪模样，它可深受雌性海豹的追求和痴恋。这也许是因为"雌性过剩"的缘故，通常在威德尔海豹中，处于青春期的雌海豹就相当于雄海豹的两倍。一头交了"桃花运"的公海豹常常是妻妾成群，前呼后拥。每当南极暖季来临之时，雌海豹春情勃发，一个劲儿地追求雄海豹。一头精力充沛的成年公豹可以轮番与雌豹在水中交配。雌豹对公豹的爱情专一。一旦配偶，便永结同心，长期相随。而公豹却随时寻欢作乐，伴侣多多益善。因此，身后的"妻妾"越来越多，最多的竟达500头以上。

　　每年10月中下旬，即南半球的春天，临产的雌性威德尔海豹在雄海豹的陪同下凭着高超的辨向识途的能力，在几百米深的昏暗的水里长途跋涉，回到它每年固定的地方生儿育女。在这个时间里，南极大陆海湾的冰面上，可以看到怀孕的雌海豹一个个肥壮滚圆，体重达到800～900千克。

　　一般情况下，母海豹一胎产1仔，刚出生的幼仔体重就达到10～15千克。由于母海豹的乳汁中含脂率高达40%以上，而且其他营养成分的含量也很高。所以，幼仔吸收后长得很快，平均每天体重可增长2千克，10天以后，它们的身长和体重都成倍增加，体重达到30～40千克。母海豹在哺乳的两个月时间，一步都不离开幼仔，也不下海捕食，只啃一些冰面上的积雪解渴，完全靠积累在体内的脂肪来哺育幼仔，并维持自己的生命。等到小海豹体重达到100～200千克，可以独立下海捕食的时候，母海豹的身体已极度虚弱，体重减少了50%～60%，仅剩300～400千克了。

动物·小·知识

在哺乳期间，母豹脾气十分暴躁。也许爱子心切，生怕别的凶禽猛兽前来伤害她的宠儿，所以神经质地动辄耍泼，甚至失去常态。忽儿紧张地用嘴叼着幼仔东躲西藏，仿佛逃难似的；忽儿又不顾一切死命地把幼仔甩在冰地上。这种莫名其妙的"母爱"往往使小海豹遍体鳞伤，甚至因此而造成终身残疾。

威德尔海豹的潜水能力很强，它可以在600米的深海待上1小时。威德尔海豹之所以能进行这种深潜和长潜，主要是因为在潜水时威德尔海豹的生理功能发生很大的变化。

威德尔海豹在潜水时，它的心脏跳动由原来的每分钟55次下降到15次，心脏的血流量则由原来的每分钟40升降到6升。在这种情况下，威德尔海豹的其他大多数器官只能得到正常血量的5%～10%，但潜水时的威德尔海豹的向压正常，依然保持160毫米汞柱。下潜时，威德尔海豹的血糖也会大量下降，即使在它刚开始上浮的前5～10分钟，威德尔海豹的血糖仍然在继续下降，不过，此时威德尔海豹的心功能却大幅度提高。

除此之外，威德尔海豹的脑袋小得可怜，只有人脑的5%左右。它们的脑对氧的消耗量极低，这对潜水是非常有利的。威德尔海豹血液中大概含有1000毫克分子的氧，但它那小小的脑在70分钟仅用去血氧的3%～4%，而人脑在同样时间内要用去血氧的90%。另外，威德尔海豹心脏在70分钟内仅需要14%的氧，而人心脏在同样时间内要用去血氧的57%。因此，仅从威德尔海豹脑和心脏的耗氧量来看，它还有延长潜水时间的潜力。

踪迹难寻——罗斯海豹

　　罗斯海豹是南极海豹中乃至世界海豹中数量最少的一种海豹，目前估计只有1万头左右。1840年，英国著名极地探险家詹姆士·罗斯首先发现该种海豹并用自己的名字命名。

　　罗斯海豹的外貌极特殊，身体短而粗，前、后鳍脚都很发达，最特殊的是它具有臃肿的颈部，以至可以把头全部缩进颈部。由于罗斯海豹是地道的南极居民，所以皮下脂肪很厚，可以防寒。它们极善游泳。成年兽体长约2.5 ~ 3米，体重300千克左右。全身披浅黄色短毛。

动物小·知识

罗斯海豹生活于人们难以到达的浮冰区，至今人们对其了解甚少。它身长2米左右，雌性大于雄性，小脑袋，大眼睛，又叫大眼海豹。

罗斯海豹只分布在南极水域中，即在南极大陆周围的浮冰带，而且绝大部分在罗斯海，在南极洲范围以外从未发现过它们。

罗斯海豹不群居，总是孤独地过着单身活动。求偶时发出似鸟叫的声音。罗斯海豹成天躺在冰上，懒于活动，夜间才入海捕食。它们的主要食物是头足类软体动物，如乌贼、章鱼等，有时也捕食鱼和甲壳类动物作为补充。

牙似锯齿——锯齿海豹

锯齿海豹又叫食蟹海豹，它是南极海豹中数量最多的一种，占南极海豹总数的90％以上。同时，锯齿海豹也是世界海豹中数量最多的一种，占世界海豹总数的85％。

锯齿海豹的食物主要是磷虾，因此它称为食蟹海豹并不十分正确，因为南极的蟹类极少，不足供其食用。因为它的口腔中长有上下交错排列的尖细的牙齿，很像锯齿，因此被称为锯齿海豹。

锯齿海豹的体长约为2.5米左右，体重约有200多千克。雌性锯齿海豹的体型比雄性锯齿海豹的体型大。锯齿海豹的体色从银灰色到深灰色，有时呈淡红色，背部的色泽比腹部深。

动物·小·知识

85％的锯齿海豹身体有伤痕，这是遭受虎鲸的侵袭而造成的，有些是争夺配偶时留下的。

雌性锯齿海豹在2岁时会达到性成熟，它的怀孕期为9个月，一般在海冰上生殖，每年1胎，每胎产1仔。在夏季，一头雌性锯齿海豹会领着几个儿女，有时也有一头雄性锯齿海豹临时加入，一起在海冰上栖息，组成繁衍的家庭。在其他季节，锯齿海豹则在浮冰的边缘独自活动。有时也见有三四十头的小群体锯齿海豹，但大群体几乎没有。

海中强盗——豹形海豹

　　豹形海豹，又被称为"豹纹海豹"或"豹斑海豹"，属海豹科，是豹海豹属的惟一品种。豹形海豹的体型是南极地区的第二大海豹品种，仅次于南极象海豹。在陆地上，体形硕大的豹形海豹行动缓慢，但在水中，豹形海豹的身手却相当敏捷与迅速。豹形海豹的捕食能力很强，在南极处于食物链的顶端，虎鲸是它惟一的天敌。豹形海豹的平均寿命约为7年。

　　豹形海豹全身带有花斑，貌似金钱豹。它的背部呈深灰色，腹部呈浅灰色，颈部白色有黑色斑点，因此得名。豹形海豹的体长约为4.5 ~ 5米，体重约300 ~ 350千克，整个身体显得修长而柔软。豹形海豹的头颇大，头形十分

类似于爬行类，口裂大，眼向两侧偏，触须短而少。豹形海豹的头骨相当长，雌性豹形海豹的头骨最长达43.1厘米，雄性豹形海豹的头骨也有41.6厘米。豹形海豹的牙齿十分复杂，仅次于食蟹海豹，臼齿具三个显著的结节，犬齿长而锋利。

 动物小·知识

当豹形海豹猎杀企鹅时，会爬到离海较远——企鹅认为安全的陆地上。豹形海豹会咬住企鹅的脚，剧烈甩动及撕咬，直至猎物死亡。

豹形海豹性情凶猛，游泳速度很快，牙齿锋利，十分善于进攻猎物。豹形海豹的食性比较广泛，除了捕食磷虾、鱼和头足类外，还经常出其不意地袭击企鹅群、飞鸟和小的锯齿海豹。因此，豹形海豹被称为"海中强盗"，其他种类的海豹都对它望而生畏，一般都远远地避开它。

满脸胡须——髯海豹

胡须也许只是死皮细胞的杆子，但是它可以起到复杂的天线的功能。它的底部是充满血液的毛囊，当它移动时，就会刺激神经细胞。根据动物的生活方式，胡须的长度和粗细程度各不相同，通常会长在脸上的几个部位：两颊上、鼻子或鼻子周围以及眼睛上面。

有着最长胡须的动物，以及常常会长胡须的动物，通常是那些经常夜间出来活动的或者在弱光下生活的动物，包括海里的哺乳动物。有些海豹的每一根胡须都有1000多个神经细胞与它连接(相比之下，一只老鼠的每一根胡须大约只有250个神经细胞与之连接)。实际上，它们起到了眼睛和手指的作用。它们能接收到很多信息，不但有关于质地、形状和大小的，而且还有诸如运动、水压的，因为在水里任何运动不管经过什么物体时都会留下痕迹或者"脚印"。

动物·小·知识

南极的冬季基本上是漫长的黑夜，所以髯海豹的胡须很精致地长在两颊上，当它们猎食时，胡须会指向前面并感觉前面的猎物，就像猫猎食时的情形一样。

南极髯海豹大多是夜间出来活动，寻找磷虾和鱿鱼。雄性的南极髯海豹的胡须是所有动物当中最长的，没有人知道其中的原因，也许它是利用它们来表达内心的感情，或者只是需要它们来使得自己看起来很漂亮——当在自己的领地里炫耀威风时表明它是最棒的捕猎者。

南极髯海豹在洄游时大多分散活动，一般不集成大群，仅偶尔能见到有1000只左右的大群。冬季一般活动于冰冷的海域，夏季则聚集在鱼类聚集的河口附近。它经常移动栖息场所，在同一地点一般仅居留数天或数星期，但不进行较长距离的洄游，夏季喜欢聚集在河口附近。它的警惕性很强，在冰上活动时，即使感到有一点点的危险，也会立即逃到海水中。雄兽可以发出很粗的吼声。主要以海洋中的底栖生物为食，包括虾、蟹、蛤蜊、乌贼、章鱼、海参以及鲆、鲽等底栖鱼类。

海中大象——海象

海象是北极地区的特产动物。分布在北冰洋及附近的一些海域。海象的形态介于海豹与海狮之间，无耳壳类似于海豹，但向前屈的后肢，能在陆上爬行，则相似于海狮。海象最主要的特征是雌雄兽都有又长又大的上犬齿，突出口外，形成獠牙。獠牙在海象出生第二年就出现。雄兽獠牙长达60 ~ 92厘米，基部直径可达20厘米以上。雌兽的獠牙较短较细。海象的獠牙用来作为武器、掘土取食和攀登冰丘。

成年雄海象体长3.30 ~ 3.60米，头的高度1.5米，颈部圆周3.50米，体重1200 ~ 1500千克。雌海象的体长2.90 ~ 3.30米，体重500 ~ 600千克。

海象皮肤裸露无毛，很粗糙，厚度可达12～50毫米，呈灰黄色。皮下有厚脂肪，厚达12～15厘米。吻部有很多又长又硬的刚鬃。尾很短，隐没在臀后皮肤中。

海象是群栖性动物，常数十只至一二百只同栖一处。在陆上行走笨拙，易被猎获。但在水中很活跃，用后肢推进，前肢转弯，游速每小时可达24千米。力量大的可以掀翻船只，就是白熊在水里也要躲避它。海象在大部分时间里，伏卧于冰上或海岸上休息，有时仰卧而睡，獠牙上竖，有的彼此相依。为了驱逐身上的寄生虫，它们常不停地用鳍肢摩擦身体，甚至睡眠中也不停息。它的胆子很小，一般见到人后就迅速逃跑，但有时异常兴奋，也会攻击人。

海象以泥中的各种蚌蛤、虾、蟹为主食，有时也吃鱼和浅水中的嫩植物，偶尔也吃海豹和鲸。它们在捕食动物时，不是靠它强大的獠牙作武器，而是用前肢将其抱住，压到水下将它们淹死后食用。

 动物·小·知识

海象的嗅觉和听觉十分灵敏。当它们在睡觉时，有一只海象在四周巡逻放哨，遇有情况就发出公牛般的叫声，把酣睡的海象叫醒，迅速逃窜。海象的躯体笨重，可是行动起来非常敏捷，能在波涛汹涌的磷峋岩石间游来游去，还能横渡几百千米的海峡！

海象每年4～5月在浮冰上产仔，一般3年才生一胎，每胎1仔。仔兽体长1.2米，重50千克。哺乳期一年，但断乳后幼兽仍和母兽一起生活达一两年之久。当仔兽遭到攻击时，母兽常奋不顾身与敌搏斗。仔兽找不到母兽时，也会长时间叫喊寻找。

海象一生的大部时间都是在浅水或海岸上睡懒觉，它们几十、几百只成群地一个紧贴一个或两三层堆起来卧在一起，睡时采取轮流值班担任警戒的方式。由一只醒的警戒2分钟后，又推醒一只来接班，依次轮值，以保证群体都能完全地休息。当一发现敌害，值班的海象便发出如公牛般的叫声，同伴闻声惊起蜂拥逃走。

在北极被称为北极霸王的北极熊，素以凶悍残暴著称。它常常猎食小动物，连体大力强性情和顺的海象，它也不放在眼里。但二者如果发生格斗，往往失败的却是北极熊。

据目击者说，当北极熊遇到海象时，先搬起大石头或冰块向海象砸去，海象忍痛缓缓向海边挪动，然后纵身跃进水里，北极熊穷追入水猛扑，海象则抢起巨牙向它猛捅过去，北极熊被捅得翻了个筋斗，恼怒地再次扑向海象，而海象又用尖利的长牙捅去。经过几个回合的厮打，北极熊渐感力乏，而海象却越战越强，时而把北极熊按到水下，时而又用长牙去捅北极熊。终于北极熊还是敌不过海象。白毛四处漂流，鲜血染红海水，北极熊已是奄奄一息了，而海象则自由自在地游向远方。

海狮亲戚——海狗

海狗一般栖息于太平洋北部的寒带海域，沿北美西海岸和亚洲东海岸的岛屿分布。雄海狗体长约为1.9～2.2米，体重约为200~240千克，雌海狗的体型比雄海狗小1/3，毛色为灰棕褐以至褐黑色。

海狗有洄游习性，它们一般在11月末南下越冬，次年春季北返。海狗为一夫多妻制，它们一般在5月初到太平洋北部小岛繁殖。雄海狗间常为争夺居住的地方或争夺雌海狗而进行激烈咬斗，战败者则会被逐离交配群。

海狗的食物主要是鳕鱼和鲑鱼，有时也吃海蟹、贝类。海狗是昼食性动

物，它白天一般在近海游弋猎食，夜晚则上岸休息。

海狗的体形与海豹类似，但个头比海豹大。海狗的身体呈纺锤形，头部呈圆形，吻部短，眼睛较大，有小耳壳。海狗的背部呈棕灰色或黑棕色，腹部颜色较浅，四肢呈鳍状，均具5趾，趾间有蹼，形成鳍足，尾甚短小。

海狗有洄游习性，冬春季节，北太平洋各岛上的海狗群就会浩浩荡荡的向南方洄游，有的远游到美国加利福尼亚州沿岸，有的甚至远游到日本中部水域。一到夏季，散居各方的海狗又会不约而同的洄游到北方故乡进行繁殖。

海狗喜欢晒日光，多集于岩礁和冰雪上，喜群居。除繁殖期外，海狗一般没有固定的栖息场所。海狗每胎仅产一仔。刚生下的小海狗重约5～6千克，弱小无力，不会游泳。雌海狗对自己的幼仔十分呵护，每隔3～7天从海里取食回来喂幼仔一次。3个月后，小海狗就能单独下海谋生了。雄海狗的寿命可长达25岁，雌海狗的寿命则较短。

海狗与海狮的区别除了齿式不同外，最明显的就是海狗身上有长毛和厚绒毛，海狮却没有。海狗雌雄大小相差很大，它的体色随年龄变化，从黑色到灰褐色都有。

海狗是世界野生动物保护协会认定的濒危动物，目前，一些国家的政府如加拿大政府，已经采取了强有力的保护措施来保护这种珍稀动物。

 动物·小·知识

海狗的毛皮十分珍贵，由于现在各国采取保护措施，才使海狗免遭人们的滥捕滥杀。雄海狗的肾名腽肭脐，是名贵的中药。海狗也能饲养训练，也是动物园里重要的观赏动物。

在美国阿拉斯加普利比洛夫群岛的最大岛屿——圣保罗岛。由于纬度极高且四周海水环绕，圣保罗岛上绝大部分时间都是阴云笼罩，难见晴天。丰富的水汽滋润了岛上的生物，这里聚集了世界上大约80%的北方海狗，它们在岛上生儿育女，尽享安乐时光。

海狗是海狮科下的动物，与海狮的不同之处在于海狮只有一层坚硬防水的刚毛，而海狗除此以外还有一层细密保暖的绒毛。

每年，随着季节的变换，普利比洛夫群岛上的北方海狗都要在北太平洋上迁徙。冬天，它们集体游向加利福尼亚的中部海岸，在那里，海狗们拼命摄取尽可能多的食物。尤其是雄海狗，因为它们必须为即将到来的春天做准备。大约在次年的5月份，它们重新回到普利比洛夫群岛，一场盛大的集体婚礼开始了。

身强力壮的雄海狗首先占据海岛的中心区域，越往外，雄海狗的体格越弱，这个地界是靠武力划分出来的。等到大家各自占定了地盘，便开始翘首等待雌海狗的来临。终于，这些身怀六甲的雌海狗姗姗而来了。它们同样会先向海岛的核心地带靠拢，并成为雄海狗的"压寨夫人"。越强壮的雄海狗占有的配偶便越多，剩下那些不那么具有竞争力的，只好徘徊在岛区边缘，守着一头雌海狗，甚至完全单身。雌海狗上岛后，便能得到雄海狗的殷勤款待。这些"准妈妈"们一生产完，便会马上发情，与雄海狗耳鬓厮磨几天，又是珠胎暗结了。在这段期间，雄海狗不吃不喝，全靠冬天储存的脂肪维持生命。它整日守着成群的妻妾，在自己的小天地里消磨时光，完成传宗接代的使命。

潇洒睡姿——海獭

　　海獭是海栖食鱼兽，与水獭是近亲。分布于白令海至加利福尼亚沿岸。食肉目动物中，长期栖居海洋的只有海獭和北极熊，而海獭的游泳本领更超过北极熊。海獭95%的时间在海中活动，它的水性已不亚于鳍足目海兽了。

　　海獭在外形上与水獭相似，只是体型要比水獭大得多。它的体长约有100～120厘米，尾长约30厘米，体重达20千克。整个身体粗厚似圆筒形，尾短。后足特别发达，又短又宽，趾间有蹼，有点像海豹的后鳍足。耳相当发达，但没有耳屏和对耳屏，耳朵位置特别低，耳基几乎与嘴角水平。吻部短钝，触须发达，呈白色。体毛深褐色，头部浅褐色。

　　海獭一般在浅水里觅食，以海胆、海蛤为主食，也吃石鳖、鲍鱼、乌贼等。它有一种奇特的捕食本领，每当潜入水底，捞到几枚海蛤就塞入自己的

肚皮褶里，再拾一块石块，浮上水面，仰面浮着不动，把石块放在腹部，然后用前足持海蛤不停地用力敲打石块，直到敲破蛤壳再吃下。

海獭不像其他海兽依靠厚脂肪层御寒保温，它的皮下几乎没有脂肪层。海獭生活在北太平洋冰冷的海水里，全靠一身极好的毛皮御寒。它的毛皮不仅极其致密保温，而且还能把空气吸进毛里，形成一个保护层，使冷水不能接近皮肤，寒气也就不能侵入。在所有的兽类毛皮中，海獭皮可能是最贵重的一种，一件海獭皮大衣要值数万美元。

海獭由于毛皮十分贵重，现已被禁止滥捕。到20世纪20年代，太平洋各岛上已所余无几。后因美苏等国的保护协议，数量才逐渐回升。目前美、俄、加拿大等国已开始饲养海獭并对其进行科学研究，人工饲养的海獭也繁殖成功。

动物·小·知识

海獭是一个匠心独具的"工程师"，当它上岸时，会把一块块石头搬来构筑一个个漂亮的巢穴。它那个细小的"手"，非常会使用工具。

海獭又叫"腊虎"，分布于北太平洋的北美洲西海岸和亚洲东北海岸附近，即从美国俄勒冈州沿岸至阿拉斯加州沿岸、俄罗斯的堪察加半岛南岸以及科曼多尔群岛、阿留申群岛和千岛群岛一带。

海獭主要在白天活动，通常结成小群。与其他动物不同的是，在非交配季节，群体中的成员都是同一性别，所以海獭的群体分为雄性群和雌性群两种。近海地区浓密的海藻形成了一个个巨大柔软的垫子，千姿百态，变化万千，圆柱形和伞状的水下植物如同一片墨绿色的森林。海獭喜欢漂浮在波浪之间海藻较多的地方，到了晚上，它们便会摇摇晃晃地爬上海藻垫，身体就像脱了节似的不停扭动，将海藻缠在身上，然后躺在海藻堆上休息，有时还会用前肢抓住海带，姿态极为潇洒。当海獭都在休息时，也会有专门的"警卫员"时刻观察周围的环境。如果遇到危险，它们便会立即发出尖锐的叫声，全体成员就会钻入海藻丛中隐藏起来。

水性娴熟——水獭

　　水獭大部分时间喜欢在海面上休息、清理毛发或者进食。因此它既需要浮力又需要足够的能量。为了保持体温，它燃烧热量的速度几乎是我们人类的3倍。它每天至少得吃重量占它体重1/4的鱼和贝类。大多数海生动物用来隔热的脂肪会使身体太重而无法漂浮在水面上，可是水獭有一层所有动物当中最厚的皮毛，由约10亿根毛发组成。

　　水獭的细细的、柔软的下层绒毛为了保暖而把空气困在里面，外面则被一层长3.5厘米的长毛所覆盖。它的皮毛如此浓密，以至于水根本就渗透不进来。为了使皮毛保持最佳的状态，它一天中有一半时间用来清理自己的皮毛：

梳理出脏东西，弄直，排列好，让空气吹到下层绒毛里，涂抹防水油。

 动物·小·知识

　　水獭在深水抓到鱼并把它拖到浅水滩吃，它们也吃蟹。水獭遇到危险便潜入水中，靠身体内贮备的能量可以在水下呆到5~15分钟。在潜入水中时，它们的耳、鼻都会封闭起来，眼睛则由一层透明的薄膜保护。

　　小水獭出生时只有一层浮毛——有浮力的下层绒毛，前几个月不能潜水，直到长出成熟的皮毛才能潜水。然而，水獭的这种极其高级的皮毛几乎已经快消失了，因为那些捕猎者为了得到它们的皮毛差不多把它们都捕光了，使它们濒临灭绝。虽然现在它们已经属于被保护动物了，但是原油的泄漏又对它们构成了新的威胁。因为一旦水獭的皮毛被石油污染了，它们的皮毛就会失去保暖作用，它们就会死于体温的降低，或者当它们试图清理自己的毛发时因吞食了石油而死。

第四章

极地的鱼类

　　100多年前，一些极地探险家到达南极地区考察时发现，那里的海水寒冻刺骨。但令科学家们惊奇的是在南极冰冷的海水中，竟然有130多种鱼悠然自得地游来游去，从以浮游生物为食的小海鱼，到身体非常大的大海鱼，它们在不同深度的大海里巡游觅食，宛如冬季行驶在北达科他州冰天雪地里的汽车一样畅通无阻。原因何在？长期以来，一直成为科学家们一个未解开的谜。

生生不息——红大马哈鱼

　　栖息于太平洋西北部的红大马哈鱼的生命史足以代表其他溯河产卵的物种——那些大部分时间栖息在海洋，但需返回淡水流域产卵并最终在淡水中死去的鱼类物种。红大马哈鱼比其他鲑鱼洄游的距离远得多，其迁徙距离能达1600千米，实在令人叹为观止。

　　从春季直至夏末，大量红大马哈鱼成群逆流而上，历尽千辛万苦返回其最初被孵化出来的地方。它们沿阿拉斯加（卡希洛夫、肯奈、俄罗斯）和加拿大的不列颠哥伦比亚省（弗雷泽、斯基纳、纳斯和努特卡）境内的河流而上，途中遇到无数障碍物和诸如急流、瀑布这类的险境。它们出众的"归乡"能力主要依赖其记忆力和嗅觉，其出生流域周围的石块、土壤、植物和其他因素所产生的综合化学物质能被成鱼记住，它们正是据此洄游而上的。在自然

环境中，鱼类的洄游方向偶尔也会有些偏差，一旦它们发现更适宜栖息的地点时，其分布范围便得以扩展了。

在洄游时，雄性一般先行，而产卵场则由雌性选，雄性在产卵场向雌性展开热烈的求偶攻势。在发育成熟的过程中，红大马哈鱼体内的激素变化剧烈，使其体色也有所改变（头部变为绿色，背部变为深红色），雄性的颌变长，形如钩状，被称为钩颌。（大马哈鱼属的全部7个太平洋鲑鱼物种和红大马哈鱼都具有明显的钩颌，即"带钩的颌"）

动物·小·知识

红大马哈鱼是所有太平洋物种中最具经济价值的一种，原住民及其他渔民多用围网和刺网捕捉红大马哈鱼。它们脂肪含量高，这些脂肪是存储起来以备长途迁徙之用的。

雌性积极地摆动自己的尾巴，在产卵场中的合适基质上挖出一个长达3米、深30厘米的巢或产卵所。雌性红大马哈鱼能产卵2500 ~ 7500个，具体数量依据成鱼的体型而异。一对成鱼横靠在一起产卵时，它们的身体剧烈抖动，颌张开。雄性红大马哈鱼往卵上喷射出包含了精子的乳状液体(精液)，使其受精，雌性随即用沙砾覆盖在受精卵上，对其进行保护，直至受精卵被孵化出来。它们的每次产卵约持续5分钟，整个产卵周期约为2周，其间成鱼会在河床的深洞中稍作休息。每次产卵期后，它们的产卵所会被填满，需要挖掘出新的产卵所。由于红大马哈鱼在洄游的旅途上耗尽气力，又为掘巢和护卵殚精竭虑，因此在其产卵完成约1周后就会死去。

在孵化后，新生的红大马哈鱼在其出生的淡水或邻近湖泊中经过1年左右的发育成为仔鱼，然后便顺流而下回到海洋中，成为幼鲑或幼鱼。它们一旦进入太平洋便迅到达海中央及阿留申群岛南部，在那里它们经过2 ~ 4年的时间发育成熟。在其生命的第四年夏天，这些成鱼又会游向内陆的大河河口，重复其生命循环。

性情猛烈——狗鱼

狗鱼是著名的游钓鱼类，部分狗鱼的体型十分庞大，一旦被钓钩钩住，就会激烈挣扎。它们是强大而富进攻性的肉食动物，主要以其他鱼类为食，一般营单身生活。在许多鱼类类群中，狗鱼的捕食会对小型物种的数量和行为产生重大的影响。

狗鱼一般分布在极地附近。在5个狗鱼物种中，只有白斑狗鱼广泛分布于北美、欧洲和亚洲，其他物种的分布则较为集中，1种分布于西伯利亚，另3种则分布于北美。狗鱼中最大的当属北美狼鱼或北美狗鱼，它重达30千克，长达1.5米，白斑狗鱼的体重也逾20千克，长达1米。

如今大部分专家认为北美小狗鱼包括2个物种——暗色狗鱼以及含带纹狗鱼和虫纹狗鱼2个亚种的美洲狗鱼。它们都是小型鱼类，其中带纹狗鱼和虫纹狗鱼很少长至30厘米，而暗色狗鱼体型稍大。当其栖息地有其他鱼类时，它们可能会与之杂交，产下体型惊人的带纹狗鱼或暗色狗鱼。事实上，分辨这2个或3个物种绝非易事，要了解其杂交鱼类的真正特性就更加困难了。

所有狗鱼物种的外表都十分相似，它们有纤细的长身体，略呈扁平，具有类似于鳄鱼的长而扁的吻。它们的嘴也较长，内有伸出来的大齿。狗鱼最显著的特征可能是其成丛的背鳍和臀鳍，它们的鳍都集中在身体后端，能使其在游动中迅速加速。

狗鱼主要栖息在淡水中，但也有少数能进入到略成的加拿大湖泊和波罗的海中。早春时节，它们会在浅水域边缘处静止或缓缓波动的植物上产卵。此时，交配的雌性和雄性用数小时的时间排出几批较大体积的卵（直径

2.3 ~ 3.0毫米），并使之受精。体型较大的雌性一次能产下成千上万个卵。陆生植物所在的水位高度，以及夏末的温度都会影响狗鱼的繁殖，水下的陆生植物是狗鱼产卵的绝佳地点。狗鱼幼鱼也会被自己的同类甚至狗鱼成鱼攻击。它们从被孵化出来就是肉食性动物，最初捕食昆虫，很快就像成鱼一样吞食鱼类，大型狗鱼偶尔也会捕食小型哺乳动物和鸟类。

软骨鱼类——鳐鱼

人们在吃鱼之前都会先把鱼肚子里的内脏掏出来，这时就会发现鱼的肚子里有一个充满气体的囊。这个气囊叫作鳔，它使鱼能够在水中沉降、上浮和保持固定位置。可是鳐鱼和鲨鱼却没有这个器官。它们在海水中升降主要依靠鳍，因而它们的鳍十分发达。但是不同于其他鱼类，它们的鳍内都是软骨，因此它们被称为软骨鱼类。人们在距今4.5亿年前的志留纪地层中，就发现了最早的软骨鱼化石，这一物种到现在还生活在地球上。

鳐鱼又名"平鲨"。它们身体扁平，生活在热带水域，头和躯体没有界限，周围由胸鳍张开与头侧相连，呈圆形、菱形或扇形。多数种类的鳐鱼，尾巴像鞭子一样细长，没有臀鳍，尾鳍也已经退化，游泳的时候利用胸鳍做波浪

形的运动前进。为了适应底栖生活，鳐鱼的眼睛经过长期的演化，和喷水口一起长在头顶上。而它的口、鼻和腮裂则长在它身体的底侧。

虽然它的样子看上去很奇怪，但是它却不凶悍，也不会主动攻击人。更多的时候，它们只是潜伏在水底，不大爱游动。但一旦它被惊动，它尾巴上的毒刺就会成为它攻击的武器。它的尾巴强壮而坚硬，被它的尾巴击中，伤口往往疼痛难忍，要是不及时进行救治，受伤者甚至还会有生命危险。

鳐鱼主要分布在南太平洋和南美洲东北沿海。鳐鱼是一个大类的总称，这一大类下面还分有很多种。目前全世界发现的鳐鱼就有100多种，它们的共同特征就是都拥有扁平的身体。鳐鱼在小的时候主要以生活在海底的动物如蟹和龙虾为食，长大以后它就会捕捉像乌贼这些软体动物为食。

蝠鲼是鳐鱼中最大的种类。蝠鲼的身体略呈菱形，成鱼的体长可达7米，体重有500千克，尽管蝠鲼有一张50厘米宽的大嘴，可蝠鲼却是一种非常温和的动物。和其他种类的鱼不同，蝠鲼专吃小型的浮游生物，张开大口，和水一起吞下，滤过海水而食。蝠鲼游泳时，扇动着三角形胸鳍，拖着一条硬而细长的尾巴，像在水中飞翔一样。但是在受到惊扰的时候，它的力量足以击毁小船。

电鳐也是鳐鱼中的一种。电鳐喜欢潜伏在海底泥沙里，饥饿时才从泥沙里钻出来。它最大可以长到2米长，它扁平的身体由很多蜂窝状的细胞组成，看上去像是两个扁平的肾脏。这些细胞排列成一个六角形的柱状物，被称为"电板"。这个电板可以向外发电，成为它觅食时的绝招。它会游进鱼虾群中频频放电，待对方被麻晕不能游动时，再痛快地饱餐一顿。如果遇有敌者来攻击时，它也依靠放电进行自卫。电鳐攻击敌人时，用头部的特殊肌肉可以产生200伏特的电压。

人们通过观察和研究电鳐的放电现象，发明了能够储存电力的电池。电鳐的发电器里就是一种胶状物，据此人们研究出了干电池正负极间的糊状填充物。

海洋杀手——大白鲨

大白鲨身体壮硕，尾巴呈新月形，牙齿很大，呈三角形，有锯齿缘，头部长着一个突出的圆锥形鼻子，极像狗鼻子，加之它们体大且极具攻击性，遇上它们就几乎等于是与死神打交道，因此它们也被称为"海上死亡犬"。大白鲨身长可达6～7米，体重3200千克，最高甚至高达14米，是最大的食肉鱼类。

虽然名字叫大白鲨，但大白鲨的全身并不都是白色的。大白鲨背部一般为灰色、淡蓝色或淡褐色，腹部呈淡白色，背腹体色界限分明，体型大而色

较淡。从上往下看，他们的背部的暗灰色很容易与深色的海洋融为一体，而从下往上看，它们的灰白色的腹部又与带着亮光的水面相匹配，这样就能很好的帮助它们隐藏自己。

大白鲨有一种不同寻常的能力，使它们可以保持高于环境温度的体温，因而它们在非常冷的海水里也能适意地生存。虽然很难在大多数的沿海地区看到它们，但渔船和潜水船经常会与之不期而遇。

大白鲨的食量很大，食物包括鱼类、海狮、海豹、海龟、海鸟等，偶尔也吃海豚、鲸鱼尸体甚至其他鲨鱼，以及瓶子、罐头等一切能吃到嘴里的东西，包括人类，所以，大白鲨是个不折不扣的"杂食家"。这也是它们被称作"食人鲨"的由来，当然这也并不意味着大白鲨就有了"吃人肉的嗜好"。因为它们的好奇心很旺盛，时常把头探出水面，是惟一一种能把头竖立在水面上的鲨鱼，同时它们又是通过啃咬的方式去探索不熟悉的东西，这也许才是它们"食人"的真正原因。

 动物·小·知识

> 大白鲨会采取欺骗的手段来捕猎。它们先漫不经心地游向猎物，然后假装毫无兴趣地离开，等到猎物放松警惕，便又迅速出现在猎物面前，使猎物措手不及，只好束手就擒。

在已知的攻击性鲨鱼中，大白鲨是最具攻击力的一种。它们在水中的泳速最高可达69千米/小时，这个速度是奥运百米冠军速度的8～9倍，这种速度使它们能轻而易举地追赶任何一个猎物。大白鲨的皮肤也具有杀伤力。"鲨鱼皮"并不是光滑的，虽然没有鱼鳞，但是长满了小小的倒刺，猎物只要被它轻轻一撞，立马就会鲜血淋漓。而大白鲨最重要的进攻武器就是它们那尖刀似的利牙了。虽然它们只是很松驰的长在牙床上，撕咬、吞食食物的时候很容易就脱落和碎裂，但这并不妨碍大白鲨进行捕猎和进食。因为大白鲨有的是备用牙。一旦前面的牙齿脱落，大白鲨后面的备用牙便立即补充到前面来，无论什么时候，大白鲨的牙齿都有大约1/3处于更换过程之中，每6～12个月，鲨鱼的牙齿就会全部更换一次。大白鲨的一生中至少丢弃并更新了成千上万颗牙齿。

大白鲨通过位于颅骨内两个很小的传感器来辨听声音。大白鲨的这种电磁感应器，能感受到动物、溺水者等其他生物肌肉收缩时产生的微小电流，以此来发现并判断猎物的体型和运动情况。它们还拥有极其灵敏的嗅觉和触觉，可以嗅到1千米外被稀释成原来的1/1500的血液气味。一旦发现猎物，大白鲨就会以极快的速度赶去，往往猎物还没反应过来，它们已经出现在猎物面前。

虽然大白鲨身躯庞大，又拥有非常锋利的牙齿，面对猎物处于绝对优势的地位，但捕猎时大白鲨却表现得很聪明。它们很少与猎物展开生死搏斗，总是先趁机把对手咬得鲜血直流，然后马上松口，让其慢慢流血，之后瞅准机会再去咬上一口。这样反复几次，直到猎物流血过多不能动弹时大白鲨才惬意地慢慢吞食猎物。尽管大白鲨如此凶猛，可它也有自己的天敌，那就是虎鲸。

水中宝剑——剑鱼

　　剑鱼属硬骨鱼纲，鲈目，剑鱼科，是一科一属一种的大型洄游性鱼类。分布于热带到寒带，由于它常能保持比海水高的体温，所以能游到寒带生活。

　　剑鱼与近缘的兰枪鱼长得很像，但没有腹鳍，而且第一背鳍靠近头部，第二背鳍靠近尾鳍，两者相距甚远，两颌上面没有牙齿，靠这些特征可将它与兰枪鱼区分开来。它的体形虽然和兰枪鱼相似，但分类上却并不同科。

　　剑鱼的身体很大，有的甚至可长到超过5米长，体长的1/3是一支长而扁平像尖嘴一样的上颌，上颌差不多有下颌的4倍长。

　　在剑鱼的一生中，总共可分为稚鱼期、幼鱼期、未成鱼期、成鱼期4个生

长期。每个阶段体形都有着不同的变化。

动物小知识

　　剑鱼常常活跃在上中水层，游动时，常将头和背鳍露出水面，用宝剑般的上颌劈水前进，速度很快，每小时可达119千米，为一般火车速度的2倍左右。

　　稚鱼期身长在10厘米以下，身上有鱼鳞，背鳍、尾鳍呈单一形状，上下颌一样长，并且有牙齿；幼鱼期身长在10～60厘米之间，这时期身上的鱼鳞消失，背鳍前部增高，中央却变低；未成鱼期身长在60～140厘米之间；成鱼期身长在140厘米以上。

　　稚鱼吃其他鱼类的幼鱼，幼鱼摄食浮游性甲壳类，成鱼主要吃乌贼类和鲭鱼、鲱鱼等。

　　剑鱼的动作敏捷，能以极快的速度游很长的距离。平常在海面附近游泳，但偶尔也会潜入500～800米的深海里去追逐裸鲻鱼群。

　　在捕食食物时，剑鱼总是先用长长的上颌把小鱼打得无法动弹，然后才去摄食。它会用上颌来搅乱鲭鱼或裸鲻鱼群的行动然后进行捕食，这种方法非常有效。

　　它长长的上颌偶尔会用于刺死敌害，所以有时在鲨鱼或鲸身上，木船的船身上可以见到插着折断了的剑鱼的上颌。

　　剑鱼的产卵场所包括赤道南北方的广阔海域。在南部黑潮海域的产卵期是从2～9月。一条剑鱼约产卵有400万个。

恐怖寄生——盲鳗

盲鳗的样子像鳗鱼，长0.5～1米，没有鳍、颌、鳞、脊椎，也没有视力。虽然不属于真正的鱼类，但它却有腮，并且在产生黏液方面还甚于鱼类。对于鱼类而言，薄薄的一层黏液可以调节身体与水中的盐分和气体之间的平衡关系，而且还能驱逐寄生虫以及保持游泳的速度。但对于盲鳗而言，黏液还是一种武器。

盲鳗的体形怪异，看起来甚至有点恶心。它一般生活在海面以下大约1200米的海底，以一切能搜寻到的生物为食。当它看中了合适的猎物时，通常就会从猎物的口中滑进其腹腔，然后用它锯齿状的牙齿刮食猎物，直至彻底吃光为止。

动物·小·知识

　　盲鳗虽然被一层皮膜遮住了双眼，但是这种鱼不只在头部有感受器，它的全身也长满了超感觉细胞，能比较正确地判定方向、分辨物体。

　　然而，与盲鳗受到威胁时的所作所为相比，这还不算什么。当面临危险时，盲鳗身体两侧的腺体会分泌出黏液，这些黏液聚集起来与海水发生反应，产生出一团团的黏液，其黏性数百倍于原来的分泌物。这些黏液还很有韧性，里面含有数千条又长、又细、又结实的纤维，使得正在进攻它的掠食者或者不幸的过路者被黏液紧紧粘住，窒息而死。盲鳗自身也会陷入同样的困境，但是它有办法从中逃脱出来：它把自己绑成一个结，然后伸展身体解开这个结，在这个过程中再设法找到自己的出路。

第五章

极地的其他动物

任何一种生物，要想在地球的南北两极生存下来，没有一点绝招是绝对不行的。在极地严酷的自然条件下，不知有多少种生物被淘汰出局。正因如此，研究和了解极地生物的生存绝招，往往能为人类带来诸多启示。气候变迁导致海洋酸化，使得蛤蜊和海胆等海洋生物较难发育外壳，而这种现象在极地地区可能最为严重。贻贝、牡蛎、龙虾和螃蟹等海洋生物的保护壳变薄，可能会导致它们更容易受到掠食者侵害，进而破坏海洋食物链。

铠甲将军——磷虾

磷虾的体型是体长两侧扁，雌性长约18～24厘米，雄性稍短。体躯透明，雌性棕蓝色，雄性稍显黄色；全体被有甲壳，头胸甲较坚硬而宽大，前端中央延伸成长而尖的剑额，上缘具7～9齿；下缘具3～5齿。

磷虾的剑额下两侧有1对有柄的眼，头部有5对附肢，第一、二对附肢成为两对鞭状触角，其第二对附肢很长，其他3对附肢，成为1对大颚和2对小颚，组成了口器。磷虾的胸部有8对附肢，其中3对附肢成为颚足，为口器的一部分，5对附肢为步足，前3对步足的末端均为钳状，其第三对附肢最长，

后两对末端成爪状。磷虾的腹部明显的分为7节，能屈曲；腹部有附肢6对；雌性磷虾的第一对附肢为内肢极小，雄性磷虾的第1对附肢则变为生殖器，其第六对附肢为尾肢，粗短，和腹部第七节尾节合成尾鳍。

磷虾分布的范围广，数量大，是许多经济鱼类和须鲸的重要饵料，也是渔业的重要捕捞对象。南极磷虾的资源十分丰富，故南大洋有"世界未来的食品库"的美誉。黄海的太平洋磷虾是中国产量最大的磷虾。此外，由于磷虾有明显的集群性，是形成声散射层的主要浮游动物，所以它在海洋水声物理学研究中也很受重视。

南极磷虾是生活在南大洋中的一种甲壳类浮游动物。其实这种虾类，不仅南极海域有，北冰洋海域也有。它们个体不大，体长一般在3～5厘米，但是，它的蕴藏量却十分惊人。有人估计，南大洋中的磷虾约有4～6亿吨，也有的人说，起码有45亿吨。不管是哪种说法，作为一种生物资源，它的蕴藏量是相当大的。正因为如此，磷虾在南大洋食物链中起着十分重要的作用。这种富含维生素的磷虾，是须鲸的主要食物。同时，也是其他动物如海豹、鲱鱼、企鹅、海鸟等的基本食物。

动物小·知识

有时磷虾集体洄游竟形成长、宽达数百米的队伍，每立方米水中有3万多只磷虾，从而使得海水也为之变色：在白天海面呈现一片浅褐色；夜里则出现一片荧光。

磷虾的习性非常特别，它白天生活在深海中，人们在5000米以下的水层都能见到磷虾的踪影，夜间才上升到海面。从它的活动方式看，磷虾基本上是做长距离昼夜垂直移动，而且是群体运动，这可能与磷虾生殖方式有直接关系。对于这一点，科学家们产生了浓厚的兴趣。在产卵季节，雌虾把卵排到水里。虾卵在孵化过程中，不像其他产卵生物，卵始终在某一深度完成孵化，它是在不断下沉过程中完成的。受精卵离开母体之后，就开始下沉，边

下沉边孵化，一直下沉到数百米甚至数千米的深度，才孵化出幼体。而幼体的发育则是在上升过程中完成的。幼体一出世，则下沉停止，开始上浮，逐渐发育。当幼体发育成小虾阶段，就几乎到达海水的最表层。这时的磷虾长成成虾，在表层觅食、生长、集群、繁殖。到发育成熟阶段，再进行下一代的繁殖。就这样一代又一代，在下沉、上浮过程中，实现磷虾的生命的循环。不同海域的磷虾受精发育过程不同，在热带海洋中，1年内达到成熟；而在冷水海域，例如南大洋海域，则需要2年时间才能成熟。

海底鲜花——海葵

　　神秘的海底永远不会单调，在这里甚至还盛开着生机盎然的"菊花"。鱼虾们就在这朵朵"菊花"之间悠然穿行。奇怪的是，不同于陆地上的菊花，这些家伙老是有时开有时合。只见它们一开，那些无意间路过的小鱼就被它们的花瓣抓住了，而菊花一合，小鱼儿便不动了。原来这些可不是普通的菊花。它们叫海葵，是一种海洋动物。

　　海葵品种繁多，大约有1000多种。海葵分布广泛，从极地到热带、从潮间带到超过1万米的海底深处都有分布。在中国东海，太平洋侧花海葵数量之多，每平方米可达数百至近万个。

　　不同种类的海葵有不同的栖息方式。那种常见的体表有乳突的绿侧花海葵，喜欢栖息在岩岸贮水的石缝中。那种紫褐色带桔黄色纵带的纵条肌海葵，喜欢栖息在几平方厘米的贝壳、石块上，因其收缩时酷似西瓜，故又名"西瓜海葵"。

　　海葵的体形呈圆柱状，柱体的开口端为口盘、封闭端为基盘。海葵的口位于口盘中央，因为有许多柔软而美丽的花瓣状触手在口部周围伸展着，犹如生机勃勃的向日葵，因而得名"海葵"。不同的海葵品种的触手数目各不相同，不过其内环触手一般大于外环，触手的数目均为6的倍数，具有摄食、保卫和运动的功能。海葵的触手一般附着在端的基盘，可吸附在石块、贝壳、海藻或木桩等硬物上。海葵口盘的直径一般为几厘米，但有一种栖息于北太平洋沿岸和澳大利亚大堡礁的巨型海葵，其口盘直径可达1.5米。

　　海葵的体色十分丰富，有绿的、红的、白的、桔黄的、斑点或条纹的或

多色的。海葵的色彩主要来自两个方面，一是本身组织中的色素，二是来自与其共生的共生藻。共生藻不仅使海葵大为增色，而且也为海葵提供了丰富的营养。

生活在热带珊瑚礁中的几种海葵，在白天，往往伸展着有色彩的部分以充分进行光合作用，到了晚上，则伸出触手来进行捕食。

海葵是一种没有中枢信息处理机构的构造简单的动物，因此，海葵并不具备大脑基础。海葵一般都把所有的精力集中于向中央消化系统输送食物，以充分满足自己的生存需要。海葵简单的神经系统具有很强的伸缩能力，它的口盘基部有发达的括约肌，体壁也有发达的缩肌和伸肌供柱体缩小或伸展。遇到危险时，海葵会将身体收缩，以排空触手内的水，并把口盘和触手全部缩入体内。海葵的触手在完成收缩的全部过程之前是不能向外伸展的，由于完成这一过程需要2.5小时，因此海葵这2.5小时之内恢复不了原状。所以，进攻者常常会由于丧失耐心而放弃了侵扰。

动物·小·知识

> 海葵能和其他动物和平相处，但却经常为附着地盘、争夺食物
> 与自己的同类进行窝里斗，常常出现一方把另一方体表上的疣突扫
> 平或把触手拔光的惨烈场面。

有时海葵还会依附在寄居蟹的螺壳上。这其实是一种双赢策略，由于寄居蟹喜欢在海中四处游荡，因此原本不移动的海葵可以随着寄居蟹的走动，扩大了海葵觅食的领域。对寄居蟹来说，海葵不仅可以为其伪装，还能分泌毒液杀死它的天敌，寄居蟹的安全因此有了保障。

海葵除了与寄居蟹互利共生之外，还与一种小丑鱼共同生活。这是因为这种小丑鱼的体表能分泌可以防止海葵刺蜇刺的黏液。当海葵依附在岩礁上不动时，这种红身白纹的小丑鱼就在海葵漂亮的触手处游动。海葵不仅不会伤害小丑鱼，还会保护小丑鱼不受其他鱼类攻击。而小丑鱼则会吃掉海葵未消化完的食物残渣，以帮它清理身体，甚至还能充当海葵捕食其他鱼类的"诱饵"。

北极甜虾——北极虾

　　野生北极虾学名北方长额虾，因产自北冰洋附近海域、同时有淡淡甜味而常被称为"北极甜虾"。又因为生长在冰冷海水环境中，也称冷水虾。在中国北方的一些地方还被称为冰虾、籽虾。北极虾生长在10～500米水深处，适应2℃～14℃的水温，在北冰洋附近大西洋一侧主要分布在英国、加拿大东海岸、格陵兰南岸和东岸、冰岛、斯匹次卑尔根群岛、挪威、北海和英吉利海峡南端；在太平洋一侧主要分布于日本海、鄂霍次克海和白令海峡等。

　　北极虾生长速度缓慢，有3～4年的寿命，长成后身长可达12厘米。有趣的是北极虾为雌雄同体，刚出生的时候为雄性，一两年后它们转为雌性，以便产卵繁衍。更神奇的是，当群体中雌性比例较高时，雄性的虾会推迟它们变性的时间；同样，当雌性缺乏的时候，它们则会提前改变性别。它们就这样保持雌雄比例的平衡，保证一定的繁殖力。

深藏剧毒——北极霞水母

　　水母的形状很像降落伞，它们生活在大海的各个角落里，它们形态各异、颜色多样、大小不一，身体由胶体物质组成，一般是透明的，身上有毒液。在大西洋和北冰洋里生活的北极霞水母，是世界上最大的水母，它一般为红褐色或者黄色，伞盖直径可达2.5米，伞盖边缘伸出8组共1200支触手，每组触手伸长达40多米，触手末端有带毒的刺丝。

 动物·小知识

　　北极霞水母虽然是低等的腔肠动物，却三代同堂，令人羡慕：水母生出小水母，小水母虽能独立生存，但亲子之间似乎感情深厚，不忍分离，因此小水母都依附在水母身体上。不久之后，小水母生出孙子辈的水母，依然紧密联系在一起。

　　水母无法看见猎物，当猎物靠近时，水母就伸出触手翻出刺丝放射毒素，刺伤或刺死猎物，然后吃掉。北极霞水母所有的触手展开时，面积可达500平方米，就像一个天罗地网，鱼虾很难抵抗，任何凶猛的动物遇到它，都只能束手就擒。水母能很快将食物堆积在体内。如果食物充足，它们的体形就会很快增大，繁殖也会加快。当食物不够时，它们又会缩小，游动速度缓慢。

自切再生——蛇尾

蛇尾是棘皮动物大家族中成员最多的一支。因为它们腕的形状和运动姿势很像蛇的尾巴，故名蛇尾。

蛇尾的运动主要是靠腕的伸屈和腕棘与海底的摩擦作用来完成的，通常停在海底或珊瑚等动物身上。从两极寒冷水域到热带海洋，从泥沙滩到岩礁间，到处都有蛇尾的踪迹。

蛇尾有腕5个，与体盘区分明显，细而多棘，有的有分枝，易脱落，但能再生。体盘小，口在腹面，有5齿，无肛门。管足主要用作感觉器，用以感受光和气味。蛇尾主要是吃一些有机物质的碎屑和一些小的底栖生物，如硅藻、有孔虫、小型蠕虫和甲壳动物等。它的摄食器官主要是腕和口部的触手。

动物小·知识

1957年中科院海洋研究所的"金星"号调查船在渤海湾内，用拖底栖动物的小网一次拖得6000多个萨氏真蛇尾，蛇尾的数量之多，可见一斑。

蛇尾有很强的"自切"和再生能力，尤其是腕很容易"自切"和再生。蛇尾的"自切"是御敌的巧妙办法，凭借断掉部分腕足来换取整体的生存。

蛇尾类是有极高经济价值的名贵鱼类—真鲷、大黄鱼、牙鲆等的重要饵料之一。据统计，全世界海洋中有1800多种蛇尾类棘皮动物，中国沿海就有百余种。分布最广的长腕蛇尾呈淡灰或淡蓝色，能发很强的光。沿岸常见的两种蛇尾是绿蛇尾（即短刺皮蛇尾）和普通欧洲蛇尾（即腕刺蛇尾）。

形似转轮——轮虫

　　轮虫的前端有纤毛，因形似转轮而得名。轮虫虽在各大洲的淡水中常见，但也生活在咸水或咸淡水、潮湿苔藓或地衣中。

　　轮虫多数自由生活，有些寄生。多数长0.1～0.5毫米，体呈圆形、扁平、袋状或蠕虫状。体壁为薄表皮，有口、咀嚼囊和消化道。

　　轮虫前端有纤毛簇组成的轮盘，用于取食和运动。它主要以水流中的小生物为食，也吃其他轮虫、甲壳类等较大的生物以及藻类。

动物·小知识

　　多数轮虫主要借头冠纤毛的转动作旋转或螺旋式运动，另一些有附肢的种类如三肢轮虫、多肢轮虫、巨腕轮虫等则借此作跳跃式运动。

　　各种轮虫的细胞数是确定的。多数雌虫产两类卵，即需精卵和非需精卵，后者即孤雌生殖。轮虫繁殖速率快，产量很高，在生态系结构、功能和生物生产力的研究中具有重要意义。轮虫是大多数经济水生动物幼体的开口饵料，在渔业生产上有颇大的应用价值。轮虫也是一类指示生物，在环境监测中被普遍采用。

虾兵蟹将——蟹类

　　蟹是十足目甲壳动物，见于所有海洋、淡水及陆地。蟹的尾部与其他十足目（如虾、龙虾、螯虾）不同，卷曲于胸部下方，背甲通常宽阔。第一对胸足特化为螯足。通常以步行或爬行的方式移动。蟹的横行步态为人们所熟悉，亦为多数蟹类的特征。

　　蟹的大小差异很大，小的豆蟹仅有6毫米长；而巨大的蜘蛛蟹，脚的跨距为1.5米。

　　为了自身的繁衍，雌蟹一次产下18.5万粒左右的卵，有的雌蟹最多时产卵达到100万粒以上。蟹卵孵化很快，几个小时后，就变成短头盔形的水蚤幼体，长着两个突出大眼。3个月后，变成巨眼幼体，蟹形大致出现。再过几个星期，巨眼幼体顺水游到一片浅水泥浆里，变成幼蟹。此后，它就在海床上度过一生。

　　蟹在遇到紧急情况时，会利用巧妙的生理结构来逃生脱险。蟹的十肢都有预先长好的断线，若有一肢给掠食的鱼咬到了，或受了伤，或夹在石头缝里，它便立刻收缩一种特别肌肉，断去这一肢，趁敌害在全神贯注地对付那仍会扭动的断肢时逃走。

　　蟹在断去肢体时连血都不流，因为蟹肢内有一种特别的膜，将神经与血管完全阻断。加之又有特别的"门"，将断处关闭。同时，血细胞立即供应脂蛋白质，开始长出新肢。

　　100多年来，许多生物学家都在研究、观察蟹，但是，仍然有许多问题找不到令人满意的答案。例如，很多蟹体内都有一种生物"时钟"，它能使蟹壳颜色出现有规律的变化。人们发现，岸蟹身上有红、白、黑3种色素，白天壳上散布着红、黑两种色素；晚间这些色素减退，色变淡。这种生物现象是无法解释的。蟹的识别方向能力很特别，有些蟹在水底利用天体及分析偏振光等方法决定方向，这也是让人难以解释的。又如，蟹有一对特别的复眼，视角达到180°；复眼的眼珠下面连接一个眼柄，藏在甲壳上的坚硬眼窝中，可以独立外伸出。假使弄坏了一只眼睛，它会很快长出一只新的。人们无法解释的是，蟹的眼珠和眼柄全部损坏或割断后，就不再长出新眼。

海中仙女——海百合

　　海百合与海参一样同属于海洋棘皮动物。它生活在各个大洋幽深的海底，漂亮的外壳和陆地上的百合花很相似，但它并不是植物，而且不能离开海水生活。海百合在棘皮动物中"资格"最老，比海参、海胆等都要古老，它在5.7亿年前就出现在海洋中了，是最古老的棘皮动物。

　　一种以捷克古生物学家普尔纳的名字命名的普尔纳海百合化石，生活在4.08亿年到3.85亿年前，高达5.4米，直径达1.2米。当时，这种海百合遍布欧洲中部、亚洲和澳大利亚等地，形似向日葵。现代海洋里尚存600余种海百

合，体形各异，十分漂亮。其中无柄海百合可以借助腕上羽枝的摆动在海底游移，身体能随环境的改变而变换颜色，被称为"海洋齿"或"羽星"。

在中国厦门、金门岛附近的海洋中有一种海百合，它有"茎"，"茎"上有分支，还有"小叶"。可它并不是植物，而是一种动物，而且是无脊椎动物里比较高级的一种，比虾、蟹、蚌、昆虫等都要高级。这种海百合又叫五角百合，它的"茎"上呈五角形分叉的柄长约60厘米。海百合就利用这个长柄固定在海里。柄上面有个盘，盘的上面有个口，还有个肛门。盘的周围有5个腕，每个腕又有分支，分支又分成若干小支。

污损生物——藤壶

　　藤壶是附着在海边岩石上的一簇簇灰白色、有石灰质外壳的小动物。它的形状有点像马的牙齿、所以生活在海边的人们常叫它"马牙"。藤壶在每一次蜕皮之后，都会分泌出一种黏性的藤壶初生胶，这种胶含有多种化学成分并且具有极强的黏合力、从而使它具备了极强的吸附能力。藤壶分布甚广，几乎任何海域的潮间带至潮下带浅水区，都可以发现它们的踪迹。它们数量繁多，常密集在一起。成形的藤壶是节肢动物中惟一营固着生活的动物，常一动不动地粘在它的附着物上。海水每天涨、退两次潮，退潮的时候，藤壶

紧紧闭上嘴巴，静静地等待，等到潮水上涨淹没了岩石等物体的时候，藤壶才张开嘴进食。

藤壶的体外包着4~8块石灰质的壳板，壳板互相倚叠，顶端的两对壳板可以打开。当海水涨潮的时候，打开的顶端会伸出6对胸肢，胸肢前端弯曲的蔓足上有刚毛，刚毛组成网袋，滤食水中自动漂来的浮游生物。等到退潮后，顶端的壳盖又紧紧闭起，防止体内的水分流失，也防御其他生物的侵扰。

动物小·知识

藤壶在附着时，不会有特定的场所，从海岸的岩礁上、码头、船底等，凡有硬物的表面，均有可能被它附着上，甚至在鲸鱼、海龟、龙虾、螃蟹、琥珀的体表，也常会发现有附着的藤壶。

藤壶对人类而言是一种"污损生物"，它不但能附着在礁石上，而且能附着在船体上，任凭风吹浪打也冲刷不掉。如果大量藤壶附着于船体，就会增加船体的重量和船底的粗糙度，加大船与海水的摩擦力，使船速大大降低。要去掉藤壶就要揭掉一层船皮，这对船舶损害很大。因此，藤壶可以说是船舶的大敌。

海底蠕虫——大胡子蠕虫

　　大胡子蠕虫的身长可达2米，全身呈粉红色，没有嘴、眼和消化器官，只有神经系统。它们生活在各大洋水深达2500米以下的深层海底，不能获得由光合作用产生的碳水化合物。但是，它们体内有一种细菌，可以利用溶解在海水中的二氧化碳和海底温泉水里含有的硫化物进行化学合成，从而形成碳水化合物，供其吸收。

动物·小·知识

　　大胡子蠕虫获得能量的途径不是海洋表面那些依靠太阳能在光合作用过程中形成的碳水化合物，它是从生活在自己体内的细菌身上获得能量的。

　　大胡子蠕虫的生长速度非常缓慢，250年才能生长1毫米。这样算来，如果一条大胡子蠕虫的身体长到75厘米，那至少需要18万年的时间，而要长到两米多长，岂不需要几十万年？但是，一般说来，动物个体是很少存活这么长时间的，大胡子蠕虫为什么能长生不老呢？科学家们至今还没有解开这个谜。

迁移奇行——龙虾

龙虾平时都是独自生活在海底暗礁的缝隙里或藏在海底的植物丛中。然而每年的初冬季节，大西洋沿岸的某些浅水沙滩上就会出现一些奇怪的现象。此时，"老死不相往来"的龙虾全都聚集到了沙滩上。这些龙虾为什么要聚集在这里？它们打算做什么呢？

当冬天的第一场飓风扑天而来，海面上狂风大作的时候，龙虾群便准备开始它们的秘密行动了。风暴过去之后，龙虾相互之间用长长的触须勾搭起来，排成一根"长长的链条"，向深海进发。它们一个都不脱离队伍，一昼

夜能前进12千米，很少休息。虽然龙虾平时很胆小，但此时却变得无所畏惧了。遇到大鱼群的袭击，它们会紧紧地蜷缩在一起，形成螺旋形的阵势，用密集的触须、坚硬的刺棘直指来犯之敌。

动物小知识

　　龙虾对环境的适应能力很强，在各种水体中都能生存，无论是湖泊、河流、池塘、河沟、水田均能生存，甚至在一些鱼类难以生存的水体中也能存活。

　　这支队伍在海底越走越深，直至最后一只龙虾隐没于人类无法探到的海底深渊中。

　　在那里，龙虾要做什么？它们还会踏上回乡之路吗？这些，我们都一无所知。